W0264038

Teubner Studienbücher

Mathematik

Afflerbach: **Statistik-Praktikum mit dem PC.** DM 24,80

Ahlswede/Wegener: **Suchprobleme.** DM 32,–

Aigner: **Graphentheorie.** DM 29,80

Ansorge: **Differenzenapproximationen partieller Anfangswertaufgaben.** DM 32,– (LAMM)

Behnen/Neuhaus: **Grundkurs Stochastik.** 2. Aufl. DM 36,–

Bohl: **Finite Modelle gewöhnlicher Randwertaufgaben.** DM 32,– (LAMM)

Böhmer: **Spline-Funktionen.** DM 32,–

Bröcker: **Analysis in mehreren Variablen.** DM 34,–

Bunse/Bunse-Gerstner: **Numerische Lineare Algebra.** 314 Seiten. DM 36,–

Clegg: **Variationsrechnung.** DM 19,80

v. Collani: **Optimale Wareneingangskontrolle.** DM 29,80

Collatz: **Differentialgleichungen.** 6. Aufl. DM 34,– (LAMM)

Collatz/Krabs: **Approximationstheorie.** DM 29,80

Constantinescu: **Distributionen und ihre Anwendung in der Physik.** DM 22,80

Dinges/Rost: **Prinzipien der Stochastik.** DM 36,–

Fischer/Sacher: **Einführung in die Algebra.** 3. Aufl. DM 23,80

Floret: **Maß- und Integrationstheorie.** DM 34,–

Grigorieff: **Numerik gewöhnlicher Differentialgleichungen**
Band 2: DM 34,–

Hackbusch: **Theorie und Numerik elliptischer Differentialgleichungen.** DM 38,–

Hackenbroch: **Integrationstheorie.** DM 22,80

Hainzl: **Mathematik für Naturwissenschaftler.** 4. Aufl. DM 36,– (LAMM)

Hässig: **Graphentheoretische Methoden des Operations Research.** DM 26,80 (LAMM)

Hettich/Zenke: **Numerische Methoden der Approximation und semi-infiniten Optimierung.** DM 26,80

Hilbert: **Grundlagen der Geometrie.** 13. Aufl. DM 28,80

Jeggle: **Nichtlineare Funktionalanalysis.** DM 28,80

Kall: **Analysis für Ökonomen.** DM 28,80 (LAMM)

Kall: **Lineare Algebra für Ökonomen.** DM 24,80 (LAMM)

Kall: **Mathematische Methoden des Operations Research.** DM 26,80 (LAMM)

Kohlas: **Statistische Methoden des Operations Research.** DM 26,80 (LAMM)

Integrationstheorie

Eine Einführung in die Integrationstheorie
und ihre Anwendungen

Von Dr. rer. nat. Wolfgang Hackenbroch
o. Professor an der Universität Regensburg

Mit 8 Figuren

Springer Fachmedien Wiesbaden GmbH
1987

Prof. Dr. rer. nat. Wolfgang Hackenbroch

Geboren 1937 in Köln. Von 1956 bis 1962 Studium der Physik und Mathematik an den Universitäten Köln und Zürich. 1962 Diplom in Physik, 1967 Promotion und 1971 Habilitation im Fach Mathematik in Saarbrücken. Wiss. Assistent in Köln und Saarbrücken. 1969/70 Visiting Professor an der University of Washington in Seattle. 1971 Abteilungsvorsteher und Professor an der Universität Saarbrükken, seit 1974 o. Professor an der Universität Regensburg.

ISBN 978-3-519-02078-3   ISBN 978-3-663-12177-0 (eBook)
DOI 10.1007/978-3-663-12177-0

CIP-Kurztitelaufnahme der Deutschen Bibliothek

Hackenbroch, Wolfgang:
Integrationstheorie : e. Einf. in d. Integrationstheorie u. ihre Anwendungen / von Wolfgang
Hackenbroch. — Stuttgart : Teubner, 1987.
   (Teubner-Studienbücher : Mathematik)
   ISBN 978-3-519-02078-3

Gesamtherstellung: Druckhaus Beltz, Hemsbach/Bergstraße
Umschlaggestaltung: M. Koch, Reutlingen

VORWORT

Der vorliegende Text über Integration ist aus einem dreisemestrigen Grundkurs „Analysis" hervorgegangen. Diesem Ursprung, wie auch der Erfahrung, daß es den Studenten höherer Vorlesungen aus der Analysis oder Stochastik häufig an maßtheoretischem Grundwissen mangelt, entsprechen die Ziele dieser Einführung, nämlich

- von den im Laufe des ersten Semesters erworbenen mathematischen Kenntnissen auszugehen

- Riemann-Stieltjes-Integrale über Intervallen an den Anfang zu stellen und gerade so weit zu entwickeln, wie sie nach wie vor von Nutzen sind, mit beliebigen Verteilungsfunktionen als Integratoren, und unter Einschluß von Kurvenintegralen im $\mathbf{R}^n$

- davon unabhängig dann das Lebesgue-Integral über allgemeinen Maßräumen aufzubauen, wobei im Zweifel stets der handlicheren, wenn auch etwas spezielleren Formulierung vor maßtheoretischen Verfeinerungen der Vorzug gegeben wurde

- schließlich die Theorie auch anzuwenden.

Als Anwendungen werden solche Themenkreise der Analysis behandelt, die einerseits von grundsätzlichem eigenen Interesse sind, und wo andererseits ein flexibler Integralbegriff unentbehrlich ist. Hierzu gehört ein Paragraph über Fouriertransformation auf dem $\mathbf{R}^n$, dann eine ausführliche Behandlung der auf Faltung mit glatten Funktionen beruhenden Reichhaltigkeitssätze für Testfunktionen in Verbindung mit den Grundideen der Distributionentheorie, aber auch, als Beispiel für die Kraft von Hilbertraumschlüssen und damit für die Bedeutung der Vollständigkeit des Raumes $L^2(\mu)$, ein Beweis des Radon-Nikodym'schen Satzes über die Existenz von Dichten.

Ein eigener Abschnitt widmet sich dem Studium spezieller Maße und ihrer Integrale. Neben dem Lebesguemaß und allgemeinen Produktmaßen (mit dem Satz von Fubini) sind dies vor allem Borelmaße auf Intervallen (im Zusammenhang mit Stieltjes-Integralen), diskrete Maße (und Summationen) sowie die Bildmaße (mit zugehörigem Transformationslemma).

Ein Grenzfall unseres Programms ist die Diskussion des Gauß'-schen Divergenzsatzes im letzten Paragraphen, der als einziger Satz in diesem Buch nicht ganz bewiesen wird. Die Existenz des Randmaßes ist zwar durch eine einfache maßtheoretische Überlegung sehr plausibel gemacht. Ein vollständiger Beweis scheint aber doch am zweckmäßigsten über eine Reduktion auf das Lebesguemaß mit Hilfe lokaler Koordinaten geführt zu werden und ist damit eher ein Gegenstand der Differentialrechnung.

Dieser Text enthält keine Übungsaufgaben - man findet sie zur Genüge in den Lehrbüchern der Analysis bzw. Maßtheorie (etwa den im Literaturverzeichnis angegebenen). Der Leser kann also sicher sein, daß ihm nicht mehr - aber auch nicht weniger - zugemutet wird, als die vielen, zwar knapp, aber doch „vollständig" argumentierenden Beweise sorgfältig mitzuvollziehen und dabei den Blick auf das Ganze nicht zu verlieren. Er wird dann von selbst die unerläßliche Routine im Umgang mit Integralen gewinnen.

Bei der Bearbeitung der Korrekturen haben mich Frau I. Thalmaier und Herr Dr. K. Barbey aufs beste unterstützt; Herr Dr. M. Möller half mit Rat und Tat, wo immer Schwierigkeiten bei der Textverarbeitung auftraten. Ihnen gilt mein herzlicher Dank. Ganz besonderen Dank sage ich Frau I. Herrmann, die mit großem Geschick und unermüdlicher Geduld ein handgeschriebenes Manuskript in ein wohlgesetztes Buch verwandelte.

Regensburg, im September 1987   Wolfgang Hackenbroch

INHALTSVERZEICHNIS

§ 1.   Stieltjes- und Riemann-Integrale auf kompakten Intervallen.

Wir wollen das elementare Stieltjes- (bzw. Riemann-) Integral $\int_\alpha^\beta f\,dg$ als Grenzwert entsprechender Zerlegungssummen definieren und die wichtigsten Rechenregeln für seine Abhängigkeit von f und g ableiten. Für stetig differenzierbares g ergibt sich eine Reduktion auf „klassische" Riemann-Integrale der Form $\int_\alpha^\beta f(x)\,dx$.

Wir fixieren in diesem Paragraphen ein nicht-ausgeartetes kompaktes Intervall $I = [\alpha, \beta]$ in $\mathbf{R}$.

Bezeichnungen: 1. Eine *Zerlegung* $Z = (t_0, t_1, \ldots, t_r)$ des Intervalls I ist eine endliche aufsteigend geordnete Familie von Zwischenpunkten $t_0 = \alpha < t_1 < \ldots < t_r = \beta$.

2. Zu einer Zerlegung $Z = (t_0, t_1, \ldots, t_r)$ von I und zwei Funktionen $f, g : I \to \mathbf{C}$ betrachten wir die *Zerlegungssummen*

$$\sum_Z |dg| := \sum_{k=1}^r |g(t_k) - g(t_{k-1})|$$

$$\sum_Z f\,dg := \sum_{k=1}^r f(t_{k-1})(g(t_k) - g(t_{k-1}))$$

$$\sum_Z df\,dg := \sum_{k=1}^r (f(t_k) - f(t_{k-1}))(g(t_k) - g(t_{k-1})).$$

Lemma *(über partielle Summation)*: *Bei beliebiger Zerlegung Z von I und beliebigen Funktionen $f, g : I \to \mathbf{C}$ gilt*

$$\sum_Z f\,dg + \sum_Z g\,df + \sum_Z df\,dg = f(\beta)g(\beta) - f(\alpha)g(\alpha)$$

Beweis:

$$f(\beta)g(\beta) - f(\alpha)g(\alpha) = \sum_{k=1}^r (f(t_k)g(t_k) - f(t_{k-1})g(t_{k-1})) =$$

$$= \sum_{k=1}^r f(t_k)(g(t_k) - g(t_{k-1})) + \sum_{k=1}^r g(t_{k-1})(f(t_k) - f(t_{k-1}))$$

$$= \sum_Z f\,dg + \sum_Z df\,dg + \sum_Z g\,df. \quad \blacksquare$$

Bezeichnung: Für zwei Zerlegungen Z, Z' von I heißt Z' *Verfeinerung von Z* (in Zeichen: $Z' \geq Z$), wenn jeder Zerlegungspunkt von Z auch zu Z' gehört.

Beobachtung: Die Gesamtheit $\mathcal{Z}$ aller Zerlegungen Z von I ist bezüglich der Verfeinerungsrelation $\leq$ „nach oben gerichtet", d.h. zu beliebigen $Z, Z' \in \mathcal{Z}$ existiert ein $Z'' \in \mathcal{Z}$ mit $Z'' \geq Z$ & $Z'' \geq Z'$.

Definition: Ein *Netz über $\mathcal{Z}$ in* $\mathbf{C}$ ist eine Familie $(a_Z)_{Z \in \mathcal{Z}}$ von Zahlen $a_Z \in \mathbf{C}$. $(a_Z)_{Z \in \mathcal{Z}}$ *konvergiert gegen* $a \in \mathbf{C}$ (kurz: $a_Z \to a$ oder $\lim a_Z = a$), wenn gilt:

$$\text{zu } \forall \varepsilon > 0 \; \exists Z_0 \in \mathcal{Z} \quad \text{so, daß } |a_Z - a| < \varepsilon \quad \text{für } Z \geq Z_0.$$

Bemerkung: Für Netze in $\mathbf{C}$ gelten dieselben Grenzwertregeln wie für Folgen (mit nur leicht modifizierten Beweisen), insbesondere für konvergente Netze $(a_Z)_{Z \in \mathcal{Z}}$ und $(b_Z)_{Z \in \mathcal{Z}}$ die Konvergenz der Netze $(a_Z + b_Z)_{Z \in \mathcal{Z}}$ bzw. $(a_Z \cdot b_Z)_{Z \in \mathcal{Z}}$ mit

$$\lim a_Z + \lim b_Z = \lim(a_Z + b_Z)$$

$$\lim a_Z \cdot \lim b_Z = \lim(a_Z \cdot b_Z);$$

ferner gilt das Cauchy-Kriterium:

$$(a_Z)_{Z \in \mathcal{Z}} \quad \text{konvergiert} \Leftrightarrow (a_Z)_{Z \in \mathcal{Z}} \quad \text{ist } Cauchy - Netz$$

d.h. zu jedem $\varepsilon > 0$ existiert ein $Z_0 \in \mathcal{Z}$ so, daß $|a_Z - a_{Z'}| < \varepsilon$ für alle $Z, Z' \geq Z_0$.

Beispiel: 1 Bezeichnet für $Z := (t_0, t_1, \ldots, t_r) \in \mathcal{Z}$ die nichtnegative Zahl $|Z| := \max_{1 \leq k \leq r}(t_k - t_{k-1})$ das *Feinheitsmaß* von Z, so gilt für das Netz $(|Z|)_{Z \in \mathcal{Z}}$ offenbar $|Z| \to 0$.

    2 Bei beliebigem $g : I \to \mathbf{C}$ ist das Netz $(\sum_Z |dg|)_{Z \in \mathcal{Z}}$ monoton wachsend (also $Z \leq Z' \Rightarrow \sum_Z |dg| \leq \sum_{Z'} |dg|$) und konvergiert in $\overline{\mathbf{R}}_+$ gegen sein Supremum:

$$\sum_Z |dg| \nearrow \sup_{Z \in \mathcal{Z}} \sum_Z |dg| =: \text{Variation } (g)$$

(d.h. natürlich im Falle Variation$(g) = \infty$ sinngemäß:

$$\text{zu } \forall c > 0 \ \exists\, Z_0 \in \mathcal{Z} \text{ mit } \sum_Z |dg| > c \text{ für } \forall Z \geq Z_0.)$$

Denn: Entsteht Z' aus $Z = (t_0, \ldots, t_r)$ durch Hinzunahme eines Punktes $t \in]t_{k-1}, t_k[$, so gilt wegen

$$|g(t_k) - g(t_{k-1})| \leq |g(t_k) - g(t)| + |g(t) - g(t_{k-1})|$$

$\sum_Z |dg| \leq \sum_{Z'} |dg|$. Hieraus folgt schrittweise die Monotonie des Netzes $(\sum_Z |dg|)_{Z \in \mathcal{Z}}$, und dann wie bei monotonen Folgen die behauptete Konvergenz gegen das Supremum.

$\blacksquare$

Definition: $g : I \to \mathbf{C}$ mit Variation$(g) < \infty$ heißt *von beschränkter Variation* (v.b.V.).

Beispiele: 1 $g : I \to \mathbf{R}$ monoton (wachsend oder fallend) $\Rightarrow g$ v.b.V., nämlich offenbar Variation$(g) = |g(\beta) - g(\alpha)|$.

2 $g : I \to \mathbf{C}$ stetig differenzierbar. Dann hat man nach der Mittelwert-Abschätzung Variation$(g) \leq \sup_{\alpha \leq \xi \leq \beta} |g'(\xi)| \cdot (\beta - \alpha) < \infty$.

Satz 1*(Charakterisierung von Funktionen v.b.V.): Sei $g : I \to \mathbf{C}$ beliebige Funktion mit den zugehörigen reellwertigen Funktionen Re g, Im g.*

i) g v.b.V $\Leftrightarrow$ Re g & Im g v.b.V.

ii) Ist g reellwertig, so g v.b.V. $\Leftrightarrow g = g' - g''$ mit g', g'' monoton wachsenden Funktionen.

Beweis: i) Wegen $|x|, |y| \leq |x + iy| \leq |x| + |y|$ für $x, y \in \mathbf{R}$.

ii)$\Leftarrow$: Nach dem letzten Beispiel **1** und der trivialen Beobachtung,daß stets gilt

$$\text{Variation}(g + h) \leq \text{Variation}(g) + \text{Variation}(h).$$

$\Rightarrow$: Man betrachte die „unbestimmte Variation"

$$V_g : I \to \mathbf{R} : V_g(t) := \text{Variation}(g|[\alpha, t])(:= 0 \text{ für } t = \alpha).$$

Wir zeigen, daß V_g und $V_g - g$ wachsend sind, so daß

$$g' := V_g, \quad g'' := V_g - g$$

die gewünschte Darstellung von g liefern.

Hierzu fixiere s, t mit $\alpha < s < t \leq \beta$. $V_g(s) \leq V_g(t) \leq$ Variation$(g) < \infty$ ist offensichtlich. Wähle nun bei beliebigem $\varepsilon > 0$ eine Zerlegung Z_0 von $[\alpha, s]$, $Z_0 = (t_0, t_1, \ldots, t_r = s)$ so, daß $\sum_{Z_0} |dg| \geq V_g(s) - \varepsilon$. Dann gilt für jede Zerlegung Z von $[\alpha, t]$, die Z_0 fortsetzt, d.h. $Z = (t_0, t_1, \ldots, t_r, \ldots, t_n = t)$,

$$\sum_Z |dg| - \sum_{Z_0} |dg| = \sum_{k=r+1}^{n} |g(t_k) - g(t_{k-1})| \geq |g(t) - g(s)|$$

und damit weiter

$$V_g(t) - g(t) - (V_g(s) - g(s)) \geq V_g(t) - V_g(s) - |g(t) - g(s)| \geq$$

$$\geq \sum_Z |dg| - \sum_{Z_0} |dg| - \varepsilon - |g(t) - g(s)| \geq -\varepsilon.$$

Da in der äußeren Ungleichung $\varepsilon > 0$ beliebig war, folgt die Behauptung, daß auch $V_g - g$ wachsend ist.

$\blacksquare$

Bemerkung: Man sieht an dieser Stelle übrigens auch leicht, daß mit g zugleich V_g und damit die monotonen Komponenten g', g'' stetig sind.

Definition: Seien $f, g : I \to \mathbb{C}$ beliebige Funktionen; f heißt *bezüglich g Stieltjes-integrierbar* (kurz: *g-integrierbar*), wenn das Netz $(\sum_Z f\, dg)_{Z \in \mathcal{Z}}$ in $\mathbb{C}$ konvergiert. Dann heißt

$$\lim_Z \sum f\, dg =: \int_\alpha^\beta f\, dg$$

das *g-Integral* von f.

Im Falle $g(x) = x, x \in I$, sagt man statt g-integrierbar einfach *integrierbar* und schreibt statt $\int_\alpha^\beta f\, dg$ auch $\int_\alpha^\beta f\, dx$.

Bemerkung: i) In dieser Definition, nämlich in der Zerlegungssumme $\sum_Z f\,dg$, ist der linke Endpunkt t_{k-1} des k-ten Zerlegungsintervalls ausgezeichnet; ebenso könnte man den rechten bevorzugen oder auch durch einen engeren Integrierbarkeitsbegriff die Symmetrie wiederherstellen (vgl. König [6] Kap. IV §3).

ii) Wir wollen uns einmal exemplarisch den Einfluß eines Sprunges von g an einer Stelle $a \in [\alpha, \beta[$ ansehen:

Behauptung: Es existiert und gilt $\int_\alpha^\beta f\,dg = f(a) \cdot (g(a+) - g(a))$, wenn $g(a+) := \lim\limits_{\substack{t \to a \\ t > a}} g(t)$ existiert und $f(x) \stackrel{\cdot}{=} 0$ für $x \neq a$ ist.

Denn: Für die „terminale" Behauptung genügt es, Zerlegungen Z zu betrachten, die a enthalten: $Z = (t_0, \ldots, a, t, \ldots, t_r)$. Dann gilt bzw. konvergiert

$$\sum_Z f\,dg = f(a)(g(t) - g(a)), \rightarrow f(a)(g(a+) - g(a))$$

iii) Auf Grund der linearen Abhängigkeit des Integrals $\int_\alpha^\beta f\,dg$ von f (s.u.) läßt sich die punktuelle Betrachtung von ii) leicht auf endlich viele Punkte in $[\alpha, \beta[$ verallgemeinern. Man sieht dabei, daß Existenz und Wert von $\int_\alpha^\beta f\,dg$ bei rechtsstetigem g nicht vom Verhalten von f auf endlichen Teilmengen von I abhängen.

Satz 2 *(Rechenregeln für Integrale):*

i) *(Bilinearität):* Sind f_1, f_2 *g-integrierbar, so auch jede Linearkombination* $\lambda f_1 + \mu f_2$, *und*

$$\int_\alpha^\beta (\lambda f_1 + \mu f_2)\,dg = \lambda \int_\alpha^\beta f_1\,dg + \mu \int_\alpha^\beta f_2\,dg.$$

Analog: Ist f g_1*- und* g_2*-integrierbar, so auch bezüglich einer beliebigen Linearkombination* $\lambda g_1 + \mu g_2$, *und*

$$\int_\alpha^\beta f\,d(\lambda g_1 + \mu g_2) = \lambda \int_\alpha^\beta f\,dg_1 + \mu \int_\alpha^\beta f\,dg_2.$$

ii) *(Monotonie):* Ist g monoton wachsend, und sind $f_1, f_2 : I \to \mathbf{R}$ g-integrierbar mit $f_1 \leq f_2$, so gilt

$$\int\limits_\alpha^\beta f_1 \, dg \leq \int\limits_\alpha^\beta f_2 \, dg.$$

iii) *(Normabschätzung):* Ist f g-integrierbar und beschränkt (also $\|f\| := \sup\{|f(x)| : x \in I\} < \infty$), so gilt die Abschätzung

$$\boxed{\;|\int\limits_\alpha^\beta f \, dg| \leq \| f \| \cdot \text{Variation}(g)\;}.$$

iv)*(Stetigkeit):* Ist g v.b.V und (f_n) eine Folge von beschränkten, g-integrierbaren Funktionen $f_n : I \to \mathbf{C}$, die gleichmäßig gegen eine Funktion $f : I \to \mathbf{C}$ konvergiert, so ist auch f g-integrierbar und

$$\int\limits_\alpha^\beta f \, dg = \lim_{n \to \infty} \int\limits_\alpha^\beta f_n \, dg.$$

Beweis: i), ii), iii) ergeben sich sofort durch Grenzübergang aus den entsprechenden - trivialen! - Aussagen für die approximierenden Zerlegungssummen. In iii) beachte man für $Z = (t_0, \dots, t_r)$, daß

$$|\sum_Z f \, dg| \leq \sum_{k=1}^r |f(t_{k-1})||g(t_k) - g(t_{k-1})| \leq \| f \| \sum_{k=1}^r |g(t_k) - g(t_{k-1})|$$
$$\leq \| f \| \cdot \text{Variation}(g).$$

iv) Wegen $|\sum_Z f_n \, dg - \sum_Z f \, dg| \leq \| f_n - f \| \cdot \text{Variation}(g)$ (nach iii)) für jede Zerlegung Z folgt die Aussage aus dem Standardargument über Vertauschbarkeit von Grenzprozessen, da die rechte Seite der Abschätzung nicht von Z abhängt, die linke Seite also mit $n \to \infty$ gleichmäßig in $Z \in \mathcal{Z}$ gegen 0 konvergiert.

In der Stetigkeitsaussage iv) ist insbesondere die g-Integrierbarkeit der Grenzfunktion f wichtig. Da Aussagen dieses Typs in der Lebesgue'schen

Theorie wesentlich verbessert werden, verfolgen wir diese Überlegungen hier nicht weiter und stellen stattdessen den Zusammenhang mit der klassischen Riemann-Integration her, um einfache Integrierbarkeitsaussagen zu erhalten.

Wir werden im folgenden oft von der Möglichkeit Gebrauch machen, in $\overline{\mathbf{R}} = \mathbf{R} \cup \{\infty, -\infty\}$ beliebige Suprema und Infima bilden zu können. Für Rechnungen in $\overline{\mathbf{R}}$ treffen wir deshalb bereits an dieser Stelle folgende *Konventionen*:

$$-\infty < x < \infty; \ \forall\, x \in \mathbf{R}$$

$$\pm\infty + x = x \pm \infty = \pm\infty; \ \forall\, x \in \mathbf{R}$$

$$(\pm\infty) \cdot x = x \cdot (\pm\infty) = \begin{cases} \pm\infty & \text{für } 0 < x \in \mathbf{R} \\ \mp\infty & \text{für } 0 > x \in \mathbf{R} \\ 0 & \text{für } x = 0 \end{cases}$$

$$\infty + \infty = \infty$$

$$-\infty - \infty = -\infty.$$

Dagegen werden wir stets darauf achten, daß weitere Kombinationen, insbesondere $\infty - \infty$, als undefinierte Größen nirgends vorkommen dürfen.

Entsprechende Operationen für $\overline{\mathbf{R}}$-wertige Funktionen sind, wie immer, punktweise an jeder Stelle des Definitionsbereichs zu verstehen. Wir setzen voraus, daß der Leser mit der Grenzwertbildung in $\overline{\mathbf{R}}$ vertraut ist. Mit Hilfe der Ordnung in $\overline{\mathbf{R}}$ ausgedrückt, gilt

$$\lim_{n\to\infty} x_n = x \Leftrightarrow \liminf_{n\to\infty} x_n = x = \limsup_{n\to\infty} x_n,$$

wobei

$$\liminf_{n\to\infty} x_n := \sup_n \inf_{k\geq n} x_k; \quad \limsup_{n\to\infty} x_n := \inf_n \sup_{k\geq n} x_k.$$

Man beachte auch die Verträglichkeit obiger Operationen in $\overline{\mathbf{R}}$ mit Limesbildung in $\overline{\mathbf{R}}$, soweit definiert, also z.B.

$$\lim_{n\to\infty} x_n = x \Rightarrow \lim_{n\to\infty} (\alpha x_n) = \alpha x \ \& \ \lim_{n\to\infty} (\alpha + x_n) = \alpha + x,$$

falls $\alpha \in \mathbf{R}$ (und alle $x_n, x \in \overline{\mathbf{R}}$) oder falls alle $x_n, x \in \mathbf{R}$ (und $\alpha \in \overline{\mathbf{R}}$).

Ist f reellwertig und g wachsend, so betrachtet man zu einer Zerlegung $Z = (t_0 = \alpha, t_1, \ldots, t_r = \beta)$ von I neben der Zerlegungssumme $\sum_Z f\, dg$ auch noch die

$$\textit{Untersumme } \sum_{\underline{Z}} f\,dg := \sum_{k=1}^{r} \inf f([t_{k-1}, t_k])(g(t_k) - g(t_{k-1})), \text{ und die}$$

$$\textit{Obersumme } \overline{\sum_{Z}} f\,dg := \sum_{k=1}^{r} \sup f([t_{k-1}, t_k])(g(t_k) - g(t_{k-1})).$$

Für die Unter- und Obersummen hat man folgende leicht einzusehende Relationen:

(a)
$$\sum_{\underline{Z}} f\,dg \le \sum_{Z} f\,dg \le \overline{\sum_{Z}} f\,dg$$

(b)
$$Z \le Z' \;\Rightarrow\; \sum_{\underline{Z}} f\,dg \le \sum_{\underline{Z'}} f\,dg; \;\; \overline{\sum_{Z'}} f\,dg \le \overline{\sum_{Z}} f\,dg$$

(c)   Ist f beschränkt, so sind $|\sum_{\underline{Z}} f\,dg|, |\overline{\sum_{Z}} f\,dg| \le \|f\|(g(\beta) - g(\alpha))$, und

$$|\sum_{Z} df\,dg| \le \overline{\sum_{Z}} f\,dg - \sum_{\underline{Z}} f\,dg \le \sigma_f(|Z|) \cdot (g(\beta) - g(\alpha)).$$

Dabei bezeichnet wieder $|Z|$ das Feinheitsmaß der Zerlegung Z, und σ_f den *Stetigkeitsmodul von f*, definiert durch

$$\sigma_f(\delta) := \sup\{|f(x) - f(y)| : x, y \in I \text{ mit } |x - y| \le \delta\}; \delta > 0.$$

Neben dem oben definierten Begriff der g-Integrierbarkeit von f haben wir nun für reellwertiges f und wachsendes g den Begriff der Riemann - g - Integrierbarkeit (im Falle $g(x) = x$ einfach Riemann-Integrierbarkeit):

Definition: Sei f reellwertig und g monoton wachsend auf I. f heißt *Riemann-g-integrierbar*, wenn

$$\sup_{Z \in \mathcal{Z}} \sum_{\underline{Z}} f\,dg = \inf_{Z \in \mathcal{Z}} \overline{\sum_{Z}} f\,dg.$$

Konsequenz: Sei $f : I \to \mathbf{R}$ bezüglich der wachsenden Funktion $g : I \to \mathbf{R}$ Riemann-g-integrierbar. Dann gilt:

i) f ist (Stieltjes-)g-integrierbar und

$$\sup \sum_{\underline{Z}} f\,dg = \inf \overline{\sum_{Z}} f\,dg = \int_{\alpha}^{\beta} f\,dg.$$

ii) Auch $|f|$ ist Riemann-g-integrierbar, und es gilt die „*Dreiecksungleichung*"

$$\left| \int_\alpha^\beta f\, dg \right| \leq \int_\alpha^\beta |f|\, dg\,.$$

Denn: i) Die Konvergenz des Netzes $(\sum_Z f\, dg)_{Z \in \mathcal{Z}}$ in $\mathbf{R}$ folgt sofort aus der obigen Abschätzung (a), ebenso wie der Wert des Grenzwertes.

ii) Auf Grund der Dreiecksungleichung für Zahlen ist $\||u| - |v|\| \leq |u - v|$; dies angewandt auf die einzelnen Summanden der Differenz „Obersumme-Untersumme" ergibt

$$0 \leq \overline{\sum_Z} |f|dg - \underline{\sum_Z} |f|dg \leq \overline{\sum_Z} f\, dg - \underline{\sum_Z} f\, dg.$$

Daher ist mit f auch $|f|$ Riemann-g-integrierbar; die „Dreiecksungleichung" folgt nun aus der Monotonie des Integrals (Satz 2.ii)) wegen $\pm f \leq |f|$.

Im Hinblick auf die zweite Abschätzung in (c) und das aus der Analysis bekannte Ergebnis, daß stetige Funktionen auf kompakten Mengen sogar gleichmäßig stetig sind, erhalten wir:

Satz 3 (*Mittelwertsatz der Integralrechnung*): Sei $f : I \to \mathbf{R}$ stetig und $g : I \to \mathbf{R}$ wachsend. Dann ist f Riemann-g-integrierbar. Außerdem existiert ein $\xi \in [\alpha, \beta]$ so, daß

$$\int_\alpha^\beta f\, dg = f(\xi)(g(\beta) - g(\alpha))\,.$$

Beweis: Da f gleichmäßig stetig ist auf dem kompakten Intervall $I = [\alpha, \beta]$, gilt $\sigma_f(\delta) \to 0$ mit $\delta \to 0+$ und also auch $\lim \sigma_f(|Z|) = 0$ (wegen $|Z| \to 0$). Nach der zweiten Abschätzung in (c) ist also f Riemann-g-integrierbar. Die Existenz eines $\xi \in [\alpha, \beta]$ der behaupteten Art folgt aus dem Zwischenwertsatz und der trivialen Ungleichung

$$\inf f(I) \cdot (g(\beta) - g(\alpha)) \leq \int_\alpha^\beta f\, dg \leq \sup f(I) \cdot (g(\beta) - g(\alpha))\,.$$

Satz 4 *(Partielle Integration): Seien $f,g : I \to \mathbb{C}$, dabei eine der beiden Funktionen stetig,die andere v.b.V.. Dann existieren die Stieltjes-Integrale, und es gilt*

$$\boxed{\int\limits_{\alpha}^{\beta} f\,dg + \int\limits_{\alpha}^{\beta} g\,df = (f \cdot g)(\beta) - (f \cdot g)(\alpha)}\ .$$

Beweis: Sei z.B. f stetig und g v.b.V. (die Behauptung ist symmetrisch in f und g!). Nach Satz 1 ist g eine Linearkombination von (vier) monoton wachsenden Funktionen. Wegen Bilinearität beider Seiten (in f,g) kann also o.E. g wachsend, und natürlich auch f reellwertig angenommen werden. Dann ergibt aber Satz 3 die (Riemann-) g-Integrierbarkeit von f, und alles weitere folgt aus dem Lemma über partielle Summation durch Grenzübergang, da nach obiger Abschätzung (c) gilt

$$|\sum_{Z} df\,dg| \leq \sigma_f(|Z|) \cdot \text{Variation}(g), \to 0 \text{ mit } |Z| \to 0.$$

∎

Satz 5 *(Reduktion auf $\int dx\ldots$): Sei $g : I \to \mathbb{C}$ stetig differenzierbar. Dann gilt:*

i) $\quad\boxed{\text{Variation}(g) = \int\limits_{\alpha}^{\beta} |g'(x)|dx}\quad$; *insbesondere g v.b.V..*

ii) *Ist $f : I \to \mathbb{C}$ stetig oder v.b.V., so existiert und gilt*

$$\boxed{\int\limits_{\alpha}^{\beta} f\,dg = \int\limits_{\alpha}^{\beta} f(x)g'(x)dx}\ .$$

iii) *Ist auch $f : I \to \mathbb{C}$ stetig differenzierbar, so spezialisiert sich die Formel von der partiellen Integration zu*

$$\boxed{\int\limits_{\alpha}^{\beta} f(x)g'(x)dx = (f \cdot g)(\beta) - (f \cdot g)(\alpha) - \int\limits_{\alpha}^{\beta} f'(x)g(x)dx} \ .$$

Beweis: i) Für eine Zerlegung $Z = (t_0, \ldots, t_r)$ von $[\alpha, \beta]$ ergibt die Mittelwertabschätzung der Differentialrechnung, jeweils angewandt auf

$$h : [t_{k-1}, t_k] \to \mathbf{C} : h(t) := g(t) - g(t_{k-1}) - g'(t_{k-1}) \cdot (t - t_{k-1}),$$

die Abschätzung

$$\begin{aligned}
|g(t_k) - g(t_{k-1})| &- |g'(t_{k-1})|(t_k - t_{k-1}) \\
&\leq |g(t_k) - g(t_{k-1}) - g'(t_{k-1})(t_k - t_{k-1})| \\
&\leq \sup_{t_{k-1} \leq t \leq t_k} |g'(t) - g'(t_{k-1})| \cdot (t_k - t_{k-1}) \\
&\leq \sigma_{g'}(|Z|)\, (t_k - t_{k-1}).
\end{aligned}$$

Durch Summation über k erhält man mit $|Z| \to 0$

$$\left| \sum_Z |dg| - \sum_Z |g'|dx \right| \leq \sigma_{g'}(|Z|) \cdot (\beta - \alpha) \to 0$$

und damit Behauptung i), da ja nach Satz 4 (wegen Stetigkeit von $|g'(\cdot)|$) gilt $\sum_Z |g'|dx \to \int_\alpha^\beta |g'|dx$.

ii) Wegen Linearität in g kann g reellwertig angenommen werden. Bei beliebiger Zerlegung $Z = (t_0, \ldots, t_r)$ ist nach dem Mittelwertsatz der Differentialrechnung

$$g(t_k) - g(t_{k-1}) = g'(\xi_k)(t_k - t_{k-1}) \text{ mit } \xi_k \in]t_{k-1}, t_k[.$$

Somit gilt

$$\sum_Z f\, dg = \sum_Z f \cdot g'dx + \sum_{k=1}^{r} f(t_{k-1})(g'(\xi_k) - g'(t_{k-1}))(t_k - t_{k-1}).$$

Hier konvergiert die linke Seite nach Satz 4 gegen $\int_\alpha^\beta f\, dg$, und der zweite Term der rechten Seite ist betraglich $\leq \|f\|\sigma_{g'}(|Z|)\cdot(\beta - \alpha)$ und konvergiert also gegen 0 (f ist nicht nur im stetigen Fall beschränkt, sondern auch dann, wenn f v.b.V. ist, da natürlich für jedes $t \in [\alpha, \beta]$ gilt $|f(t)| \leq |f(\alpha)| + \text{Variation}(f)$). Damit konvergiert auch der erste Term rechts, und zwar gegen $\int_\alpha^\beta f\, g'\, dx$.

iii) Dies folgt sofort durch Kombination von ii) mit der allgemeinen Formel der partiellen Integration (Satz 4).

∎

Bemerkung: Eine Funktion $g : I \rightarrow \mathbf{C}$ (I kompaktes Intervall) nennt man auch (und denkt dabei mehr an die Bildmenge $g(I)$) eine *Kurve in* $\mathbf{C} \equiv \mathbf{R}^2$. Eine Zerlegung $Z = (t_0, \ldots, t_r)$ legt darauf die Kurvenpunkte $g(t_0), \ldots, g(t_r)$ fest, und $\sum_Z |dg|$ ist offenbar die Länge des zugehörigen Polygonzuges. Es ist daher sinnvoll, $\text{Variation}(g) = \sup_Z \sum_Z |dg|$ als die *Länge der Kurve* g zu definieren.

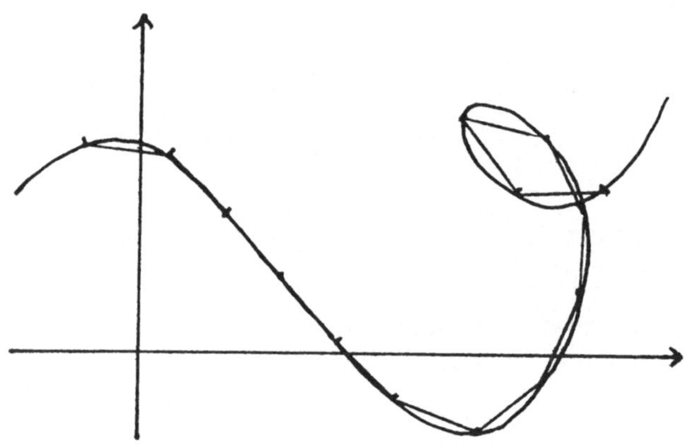

Beispiel: 1 $g : [0, 2\pi] \rightarrow \mathbf{C} : g(t) = e^{it}$ bildet $[0, 2\pi]$ ab auf den Einheitskreis $\{z \in \mathbf{C} : |z| = 1\}$. Für $t \in]0, 2\pi[$ ist die Länge des Teilstückes $g|[0, t]$ des Einheitskreises also

$$\text{Variation}(g|[0, t]) = \int_0^t |g'(x)|\, dx = t.$$

Das heißt: in der geometrischen Darstellung (in der Gauß'schen Zahlen-
ebene) von

$$e^{it} = \cos t + i \sin t$$

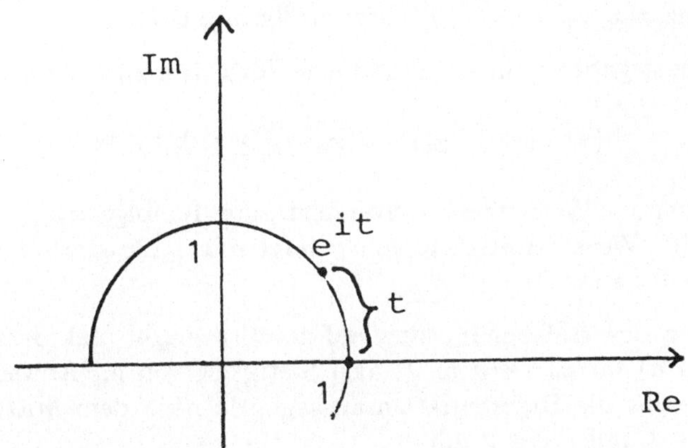

hat t die Bedeutung eines Winkels im *Bogenmaß* (:= Länge des ausge-
schnittenen Bogens auf dem Einheitskreis).

2 Der Graph einer reellwertigen Funktion $f : I \to \mathbf{R}$ ist die Bild-
menge der (injektiven) Kurve in $\mathbf{R}^2$ (bzw. $\mathbf{C}$)

$$g : I \to \mathbf{R}^2 : g(t) = (t, f(t)) \quad (\text{bzw. } g : I \to \mathbf{C} : g(t) = t + if(t)).$$

Insbesondere für stetig differenzierbare f ergibt sich aus Satz 5.i)

$$\text{Variation}(g) =: \boxed{\text{Länge von Graph}\,(f) = \int_{\alpha}^{\beta} \sqrt{1 + f'(x)^2}\,dx}\,.$$

Satz 6 *(Parameterabhängigkeit von Integralen): Sei neben dem kompak-
ten $I = [\alpha, \beta]$ noch ein beliebiges n.a. Intervall $J \subset \mathbf{R}$ gegeben. Die
Funktion $f : I \times J \to \mathbf{C}$ sei stetig. Dann ist auch $g : J \to \mathbf{C} : g(y) :=
\int_{\alpha}^{\beta} f(x, y)dx$ stetig. Ist darüberhinaus f nach der 2. Variablen partiell
differenzierbar mit stetiger Ableitung $\frac{\partial f}{\partial y} : I \times J \to \mathbf{C}$, so ist auch g
stetig differenzierbar, und zwar „unter dem Integralzeichen":*

$$g'(y) = \int_{\alpha}^{\beta} \frac{\partial f}{\partial y}(x, y)dx.$$

Beweis: O. E. kann f reellwertig angenommen werden. Wir verwenden folgende

Hilfsbehauptung: Ist $\sigma : I \times J \to \mathbf{R}$ stetig, so gilt, für $y_n \to y$ in J, die Konvergenz $\sigma(x, y_n) \to \sigma(x, y)$ gleichmäßig in $x \in I$.

Denn: Sonst gäbe es ein $\varepsilon > 0$ und eine Folge von $x_n \in I$ mit

$$(*) \quad |\sigma(x_n, y_n) - \sigma(x_n, y)| \geq \varepsilon, \ \forall n \in \mathbf{N}.$$

Nach Bolzano - Weierstrass konvergiert eine Teilfolge $x_{\tau(n)} \to x$ in I (kompakt!). Wegen Stetigkeit von σ folgt $\sigma(x_{\tau(n)}, y_{\tau(n)}) \to \sigma(x, y)$ im Widerspruch zu $(*)$.

Anwendung der Hilfsbehauptung auf $\sigma = f$ ergibt mit Satz 2. iv) $g(y_n) \to g(a)$ für $y_n \to a$ in J, also Stetigkeit von g. Anwendung auf $\sigma = \frac{\partial f}{\partial y}$ ergibt die Differentiationsaussage, da nach dem Mittelwertsatz für alle $x \in I$ und $y, a \in J$ gilt

$$\frac{f(x, y) - f(x, a)}{y - a} = \frac{\partial f}{\partial y}(x, \eta) \quad (\eta \text{ zwischen } a \text{ und } y),$$

also mit $y \to a$ (und folglich $\eta \to a$) nach der Hilfsbehauptung

$$\frac{f(x, y) - f(x, a)}{y - a} \to \frac{\partial f}{\partial y}(x, a), \text{ gleichmäßig in } x \in I;$$

wieder nach Satz 2. iv) folgt dann

$$\frac{g(y) - g(a)}{y - a} = \int\limits_{\alpha}^{\beta} \frac{f(x, y) - f(x, a)}{y - a} dx \to \int\limits_{\alpha}^{\beta} \frac{\partial f}{\partial y}(x, a) dx.$$

Schließlich ist die Stetigkeit von g' in der vorangehenden Stetigkeitsaussage des Satzes enthalten.

$\blacksquare$

Bemerkung: Ein allgemeineres Resultat über Parameterabhängigkeit von Integralen wird in der Lebesgue'schen Theorie (§ 8) bewiesen.

§ 2. Unbestimmtes Integral; uneigentliche Integrale.

Wir lösen uns jetzt von dem in § 1 stets fixierten Integrationsintervall $[\alpha, \beta]$ und betrachten Integrale $\int_\alpha^t f\, dg$ als Funktion der Integrationsgrenze t (unbestimmte Integrale); für $g(x) = x$ erhält man bei stetigem f eine Stammfunktion von f. Aus diesem Zusammenhang mit der Differential-rechnung ergeben sich Möglichkeiten der expliziten Berechnung von Integralen. Schließlich betrachten wir auch Integrale über beliebige Intervalle, insbesondere uneigentliche Integrale, als Grenzwerte von Integralen über kompakte Teilintervalle.

Satz 1 *(Additivität): Sei $I = [\alpha, \beta]$ ein nicht- ausgeartetes kompaktes Intervall; $f, g : I \to \mathbf{C}$ beliebige Funktionen so, daß f g-integrierbar ist. Dann ist bei beliebigen s, t mit $\alpha \leq s \leq t \leq \beta$ auch f g-integrierbar über $[s, t]$ (d.h. $f|[s, t]$ ist $g|[s, t]$-integrierbar), und für die Teilintegrale gilt*

$$\boxed{\int_\alpha^t f\, dg = \int_\alpha^s f\, dg + \int_s^t f\, dg}\,.$$

(Bemerkung: Diese Formel verwendet die Konvention $\int_t^t f\, dg := 0$. Sie verallgemeinert sich sofort auf den Fall beliebiger $s, t \in I$, wenn man noch festlegt $\int_s^t f\, dg =: - \int_t^s f\, dg$, falls $s > t$).

Beweis: Für eine beliebige Zerlegung $Z = (t_0, \ldots, t_r = s, \ldots, t_e = t, \ldots, t_n)$ von I, welche s und t enthält (o.E. $\alpha < s < t < \beta$), setzen wir

$$Z_{s,t} = (t_r, \ldots, t_e) \quad \text{und} \quad \sum_{Z_{s,t}} f\, dg = \sum_{k=r+1}^{e} f(t_{k-1})(g(t_k) - g(t_{k-1})).$$

Zu beliebigem $\varepsilon > 0$ existiert nun nach Voraussetzung eine Zerlegung Z von I, die s, t enthält, so daß

$$\Big|\sum_{Z'} f\, dg - \sum_{Z''} f\, dg\Big| < \varepsilon;\, \forall Z', Z'' \geq Z \quad \text{(Zerlegungen von } I\text{)}.$$

Dann ist aber auch

$$\Big|\sum_{Z^\cdot} f\, dg - \sum_{Z^{\cdot\cdot}} f\, dg\Big| < \varepsilon;\, \forall Z^\cdot, Z^{\cdot\cdot} \geq Z_{s,t} \quad \text{(Zerlegungen von } [s, t]\text{)},$$

da sich solche $Z^{\cdot}, Z^{\cdot\cdot}$ durch Hinzunahme der nicht in $[s,t]$ enthaltenen Punkte von Z zu Zerlegungen $Z', Z'' \geq Z$ von I ergänzen lassen, wobei sich die bei der Bildung von $\sum_{Z'} f\,dg - \sum_{Z''} f\,dg$ neu hinzukommenden Terme in der Differenz wieder wegheben. Damit ist (Cauchy-Kriterium!) die Konvergenz des Netzes $(\sum_{Z^{\cdot}} f\,dg)$, $Z^{\cdot}$ Zerlegung von $[s,t]$, gezeigt, also die g-Integrierbarkeit von f über $[s,t]$. Die Additivitätsformel folgt nun sofort durch Grenzübergang aus

$$\sum_Z f\,dg = \sum_{Z_{\alpha,s}} f\,dg + \sum_{Z_{s,t}} f\,dg,$$

wenn Z alle Zerlegungen von $[\alpha, t]$ durchläuft, die s enthalten.

$\blacksquare$

Definition. Sei $I \subset \mathbf{R}$ ein beliebiges n.a. Intervall und $f, g : I \to \mathbf{C}$. f heißt *lokal g-integrierbar* (bei $g(x) = x$ einfach *lokal integrierbar*), wenn f g-integrierbar ist über jedes kompakte Teilintervall $[s,t] \subset I$.

Ist f lokal g-integrierbar und $a \in I$ fixiert, so heißt

$$F_{a,g} : I \to \mathbf{C} : F_{a,g}(t) := \int\limits_a^t f\,dg$$

das *unbestimmte Integral von f bezüglich g zum Anfangspunkt a.*

Beispiel: f stetig und g monoton wachsend (oder umgekehrt). Dann ist nach § 1 Satz 4 f lokal g-integrierbar.

Bemerkung: Kenntnis des unbestimmten Integrals $F_{a,g}$ zu einem beliebigen Anfangspunkt $a \in I$ liefert wegen Additivität (Satz 1) alle „bestimmten" Integrale über kompakte Teilintervalle:

$$\int\limits_s^t f\,dg = F_{a,g}(t) - F_{a,g}(s).$$

Aus den Eigenschaften von f und g lassen sich leicht Eigenschaften des unbestimmten Integrals ablesen. Die wichtigste ist:

Satz 2 *(Hauptsatz der Differential-/Integralrechnung): Sei $I \subset \mathbf{R}$ ein n.a. Intervall und $f : I \to \mathbf{C}$ stetig. Dann ist bei beliebig fixiertem $a \in I$ das unbestimmte Integral zum Anfangspunkt a:*

$$F : I \to \mathbf{C} : F(t) := \int_a^t f(x)dx$$

die eindeutig bestimmte Stammfunktion von f (d.h. differenzierbar mit $F' = f$) mit $F(a) = 0$.

Beweis: Da nach dem Mittelwertsatz bis auf Addition einer Konstanten höchstens eine Stammfunktion von f existiert und $F(a) = 0$ gilt, bleibt nur z.z. $F' = f$. Da beide Seiten dieser Gleichung linear von f abhängen, kann f reellwertig angenommen werden. Dann ist wegen der Monotonie des Integrals für $s < t$ in I

$$\inf f([s,t]) \cdot (t - s) \leq F(t) - F(s) \leq \sup f([s,t]) \cdot (t - s).$$

Nach Division durch $(t - s)$ folgt hieraus die Behauptung, da nach dem Satz von Maximum/Minimum stetiger Funktionen ein $\xi \in [s,t]$ existiert mit:

$$\inf f([s,t]) = f(\xi), \to f(s) \text{ bei } t \to s+, \text{ bzw. } \to f(t) \text{ bei } s \to t-;$$

ebenso gilt $\sup f([s,t]) \to f(s)$ bei $t \to s+$, bzw. $\to f(t)$ bei $s \to t -$.

$\blacksquare$

Bemerkung: Der „Hauptsatz" reduziert die Berechnung von Integralen $\int_\alpha^\beta f(x)dx$ von stetigen Funktionen auf die Kenntnis von Stammfunktionen. Eine Zusammenstellung häufig auftretender Stammfunktionen findet man z.B. in Heuser [5] S. 436-438.

Wir erwähnen hier nur die folgenden drei wichtigen Beispiele:

Sei $I \subset \mathbf{R}$ ein Intervall, $h : I \to \mathbf{R}$ stetig differenzierbar. Dann ist

i) $F : F(x) = \arctan(h(x))$ $\qquad$ Stf. v. $f : f(x) = \dfrac{h'(x)}{1 + h(x)^2}$;

ii) $F : F(x) = \arcsin(h(x))$ $\qquad$ Stf. v. $f : f(x) = \dfrac{h'(x)}{\sqrt{1 - h(x)^2}}$;

$\qquad$ falls $h(x) \in\,]-1, 1[, \forall x \in I$

iii) $F : F(x) = \left\{ \begin{array}{ll} \dfrac{h(x)^{\alpha+1}}{\alpha + 1}, & \alpha \neq -1 \\ \log|h(x)|, & \alpha = 1 \end{array} \right\}$ $\quad$ Stf. v. $f : f(x) = h(x)^\alpha \cdot h'(x)$.

$\qquad$ falls $h(x) \neq 0, \forall x \in I$

Satz 3 *(Substitutionsregel): Sei $I = [\alpha, \beta]$ ein n.a. kompaktes Intervall und $g : I \to \mathbf{R}$ stetig differenzierbar; ferner $f : g(I) \to \mathbf{C}$ stetig. Mit einer beliebigen Stammfunktion F von f existiert und gilt dann*

$$\boxed{\int\limits_\alpha^\beta (f \circ g)\, dg = \int\limits_\alpha^\beta (f \circ g)(x) g'(x)\, dx = F(g(\beta)) - F(g(\alpha)) =: \left[F(g(x)) \right]_{x=\alpha}^{x=\beta}}$$

Beweis: Die 1. Gleichung gilt nach § 1 Satz 5. ii). Die 2. Gleichung folgt aus dem „Hauptsatz", da nach der Kettenregel gilt $(F \circ g)' = (f \circ g) \cdot g'$.

$\blacksquare$

Beispiel: Wir verbinden eine Anwendung des Hauptsatzes zusammen mit mehrfacher partieller Integration und einer trivialen Substitution zur Gewinnung einer sehr nützlichen Variante der Taylorformel:
Ist $g : [0, 1] \to \mathbf{C}$ n-mal stetig differenzierbar, so gilt

$$\int\limits_0^1 g^{(n)}(x) \frac{(1-x)^{n-1}}{(n-1)!}\, dx = \left[g^{(n-1)}(x) \frac{(1-x)^{n-1}}{(n-1)!} \right]_{x=0}^{x=1} +$$

$$+ \int\limits_0^1 g^{(n-1)}(x) \frac{(1-x)^{n-2}}{(n-2)!}\, dx = \ldots =$$

$$- \frac{g^{(n-1)}(0)}{(n-1)!} - \frac{g^{(n-2)}(0)}{(n-2)!} - \ldots - \frac{g'(0)}{1!} - g(0) + g(1).$$

Korollar *(Taylorformel mit Integralrestglied): Sei $I \subset \mathbf{R}$ ein n.a. Intervall und $f : I \to \mathbf{C}$ n-mal stetig differenzierbar.* Dann gilt bei beliebig fixiertem $a \in I$ für alle $x \in I$

$$f(x) = (j_a^{n-1}f)(x) + (x-a)^n \int\limits_0^1 \frac{f^{(n)}(a + t(x-a))}{(n-1)!} (1-t)^{n-1} dt \; .$$

(Hier bedeutet wie üblich $(j_a^k f)(x) := f(a) + \frac{f'(a)}{1!}(x-a) + \ldots + \frac{f^{(k)}(a)}{k!}(x-a)^k$ das k. Taylorpolynom von f bei a).

Beweis: Folgt durch Anwendung des Beispiels auf

$$g : [0,1] \to \mathbf{C} : g(t) = f(a + t(x-a))$$

(bei festem $x \in I$); hierfür ist

$$g^{(k)}(t) = f^{(k)}(a + t(x-a)) \cdot (x-a)^k.$$

■

Bemerkung: i) Bei reellwertigem f ergibt Anwendung des Mittelwertsatzes der Integralrechnung (§ 1 Satz 3) auf das Integralrestglied wieder das übliche Lagrange'sche Restglied $\frac{(x-a)^n}{n!} f^{(n)}(\xi), \xi \in [a,x]$. Im komplexwertigen Falle liefert die Normabschätzung (§ 1 Satz 2) für das Integralrestglied eine Abschätzung durch $\frac{|x-a|^n}{n!} \cdot \sup\limits_{0 \leq t \leq 1} |f^{(n)}(a + t(x-a))|$.

ii) Der Fall $n = 1$ ist der Hauptsatz der Integralrechnung selbst:

$$f(x) = f(a) + \int\limits_a^x f'(t)dt.$$

Schon hieraus liest man übrigens die wichtige *Permanenzaussage über Differenzierbarkeit* ab: Sei $I \subset \mathbf{R}$ ein n.a. kompaktes Intervall und (f_n) eine Folge von stetig differenzierbaren Funktionen $f_n : I \to \mathbf{C}$ mit:

1. (f_n') konvergiert gleichmäßig gegen eine (stetige!) Funktion $g : I \to \mathbf{C}$

2. $(f_n(a))$ konvergiert gegen eine Zahl $c \in \mathbf{C}$ für mindestens ein $a \in I$.

Dann konvergiert (f_n) gleichmäßig gegen eine differenzierbare Funktion $f : I \to \mathbf{C}$, und $f' = g$.

Denn:

$$|f_n(t) - (c + \int\limits_a^t g(x)dx)| \leq |f_n(t) - f_n(a) - \int\limits_a^t g(x)\,dx| + |f_n(a) - c| =$$

$$= |\int\limits_a^t (f_n'(x) - g(x))dx| + |f_n(a) - c| \leq \|f_n' - g\| \cdot |t - a| + |f_n(a) - c|.$$

Da nach der 1. Voraussetzung $\|f_n' - g\| \to 0$, und nach der 2. Voraussetzung $|f_n(a) - c| \to 0$ gilt, folgt die Behauptung für $f : f(t) := c + \int_a^t g\,dx$.

■

Definition: Sei $I \subset \mathbf{R}$ ein n.a. Intervall; $f, g : I \to \mathbf{C}$ seien (der Einfachheit halber) stetig und g zusätzlich monoton wachsend ($\Rightarrow f$ lokal g-integrierbar; $F_{a,g} : t \mapsto \int_a^t f\,dg$ bezeichne ein unbestimmtes Integral zu einem beliebig fixierten Anfangspunkt $a \in I$). Dann heißt f *g-integrierbar über* I, wenn (mit $\alpha < \beta \in \overline{\mathbf{R}}$ den Endpunkten von I) die einseitigen Grenzwerte $F_{a,g}(\alpha+), F_{a,g}(\beta-)$ in $\mathbf{C}$ existieren. In diesem Fall heißt

$$\int\limits_\alpha^\beta f\,dg := F_{a,g}(\beta-) - F_{a,g}(\alpha+)$$

das (bei nicht-kompaktem I auch *„uneigentliche"*) g-Integral von f über I. Bei $g(x) = x$ entfällt der Zusatz bzw. Index g)

Bemerkung: i) Wegen Additivität (Satz 1) hängt dies nicht von der Wahl von $a \in I$ ab!

ii) Gemäß der Abschätzung

$$|F_{a,g}(t) - F_{a,g}(s)| = |\int\limits_s^t f\,dg| \leq \sup |f([s,t])| \cdot (g(t) - g(s))$$

ist $F_{a,g}$ stetig auf I, so daß bei kompaktem I Konsistenz mit der bisherigen Definition in § 1 vorliegt.

iii) g-Integrierbarkeit von f über I impliziert g- Integrierbarkeit von f über jedes n.a. Teilintervall von I.

Beispiel: **1** $\quad \displaystyle\int_0^\infty \frac{dx}{1+x^2} = \lim_{x\to\infty} \arctan x - \arctan 0 = \frac{\pi}{2}$

2   Bei beliebigem $d \in \mathbf{R}$ betrachte $f :]0,\infty[\to \mathbf{R} : f(x) = \frac{1}{x^d}$.

Eine Stammfunktion (und also nach dem „Hauptsatz" ein unbestimmtes Integral) ist

$$F :]0,\infty[\to \mathbf{R} : F(t) = \begin{cases} \frac{t^{1-d}}{1-d}, & \text{falls } d \neq 1 \\ \log t, & \text{falls } d = 1. \end{cases}$$

Mit $t \to 0+$ bzw. $t \to \infty$ ergibt sich:

i) Für kein $d \in \mathbf{R}$ ist f integrierbar über $]0,\infty[$

ii) Bei beliebigem $a > 0$ gilt aber

für $d < 1$ ist f integrierbar über $]0,a[$, nicht integrierbar über $]a,\infty[$;
für $d > 1$ ist f integrierbar über $]a,\infty[$, nicht integrierbar über $]0,a]$;
für $d = 1$ ist f weder über $]0,a]$ noch über $]a,\infty[$ integrierbar.

Solche Beispiele sind besonders nützlich in Verbindung mit dem folgenden

Satz 4 *(Majorantenkriterium): Sei $I \subset \mathbf{R}$ n.a. Intervall; $f : I \to \mathbf{C}$ sei stetig, $g : I \to \mathbf{R}$ stetig und wachsend. Es ist f g-integrierbar über I, wenn f eine stetige g-integrierbare **Majorante** besitzt (d.h. wenn ein stetiges $h : I \to \mathbf{R}$ existiert, über I g-integrierbar, mit $|f| \leq h$).*

Beweis: Bezeichnet wieder $F_{a,g}$ bzw. $H_{a,g}$ ein unbestimmtes Integral für f bzw. h, so gilt (Monotonieeigenschaft § 1 Satz 2) bei beliebigem $s < t$ in I

$$|F_{a,g}(t) - F_{a,g}(s)| = |\int_s^t f\,dg| \leq \int_s^t h\,dg = H_{a,g}(t) - H_{a,g}(s).$$

Hiermit folgt die (Cauchy-)Konvergenz von $F_{a,g}(t)$ bei $t \to \alpha+$ bzw. $t \to \beta-$ aus der vorausgesetzten Konvergenz von $H_{a,g}(t)$.   ∎

Beispiel: Sei $f : \mathbf{R} \to \mathbf{C}$ stetig und, mit Konstanten $a, b > 0$ und $d > 1$, abschätzbar gemäß

$$|f(x)| \leq \frac{b}{|x|^d}; |x| \geq a.$$

Dann ist f über $\mathbf{R}$ integrierbar.

Denn: Wählt man (f stetig!) o.E. b so groß, daß $|f(x)| \leq \frac{b}{a^d}$ für $|x| \leq a$, so ist

$$h : h(x) = \frac{b}{a^d} \text{ für } |x| < a, \text{ und } = \frac{b}{|x|^d} \text{ für } |x| \geq a$$

eine integrierbare Majorante.

$\blacksquare$

§ 3. Kurvenintegrale im $\mathbf{R}^n$ und Stammfunktionen bei Funktionen mehrerer Variabler.

Ziel dieses Paragraphen ist eine mehrdimensionale Verallgemeinerung des Hauptsatzes der Integralrechnung (§ 2 Satz 2): Wann ist eine stetige Vektorfunktion $f : U \to \mathbf{R}^n$ (U offen in $\mathbf{R}^n$) Gradient einer skalaren Funktion $F : U \to \mathbf{R}$, und wie erhält man F explizit als (verallgemeinertes) unbestimmtes Integral von f? Eine umfassende Antwort gibt der Hauptsatz dieses Paragraphen. Als Korollar wird der Cauchy'sche Integralsatz der Funktionentheorie hieraus abgeleitet.

Definition: Sei $U \subset \mathbf{R}^n$ offen und $f : U \to \mathbf{R}^n$. Eine *Stammfunktion* von f ist eine differenzierbare Funktion $F : U \to \mathbf{R}$ mit $\operatorname{grad} F = f$.

Die folgende Eindeutigkeitsaussage verallgemeinert den 1-dimensionalen Fall, wo ja die offenen Intervalle die einzigen *Gebiete* ($:=$ offene und zusammenhängende Mengen) sind:

Satz 1 *(Eindeutigkeit von Stammfunktionen): Seien $F, G : U \to \mathbf{R}$ Stammfunktionen derselben Funktion f. Dann ist $F - G$ „lokal konstant" (d.h. zu jedem $a \in U$ existiert eine Umgebung V von a mit $F(x) - G(x) = F(a) - G(a)$, für alle $x \in V \cap U$); ist U ein Gebiet, so gilt sogar $F - G = F(a) - G(a)$ auf ganz U.*

Beweis: Für $H := F - G$ gilt $\operatorname{grad} H = 0$, also nach dem Mittelwertsatz $H(x) = H(a)$ für $x \in V(a; \delta) \subset U$ (beliebige in U enthaltene offene Kugel vom Radius δ um a). Damit ist insbesondere bei fixiertem $a \in U$

$$\{x \in U : H(x) = H(a)\}$$

offen in U; wegen Stetigkeit von H ist sie auch relativ abgeschlossen, bei zusammenhängendem U also $= U$.

$\blacksquare$

Den Sachverhalt $f = \operatorname{grad} F$ schreibt man auch gern in der „differentiellen" Form

$$f(x)dx := f_1(x)dx_1 + \cdots + f_n(x)dx_n = dF(x)$$

und sagt, die durch das „*Vektorfeld*" f gegebene „*Differentialform*" $f\,dx$ sei das *totale Differential* $dF(x)$ der (skalaren) Funktion F.

Wann ist eine Differentialform $f\,dx$ ein totales Differential, oder also: wann hat ein Vektorfeld f eine Stammfunktion? Notwendig hierfür sind bei stetig differenzierbarem $f : U \to \mathbf{R}^n$ jedenfalls die aus der Vertauschbarkeit der partiellen Ableitungen 2. Ordnung (Satz von Schwarz) folgenden *Integrabilitätsbedingungen*

$$\frac{\partial f_i}{\partial x_k} = \left(\frac{\partial^2 F}{\partial x_i \partial x_k} =\right)\frac{\partial f_k}{\partial x_i}; \ 1 \le i,k \le n.$$

Um zu sehen, wie weit diese Bedingungen für die „Integration" von $f\,dx$ auch hinreichen, benötigen wir eine Verallgemeinerung des unbestimmten Integrals.

Definition: Sei $U \subset \mathbf{R}^n$. Ein *Weg in U* ist eine Funktion $\gamma : [\alpha,\beta] \to \mathbf{R}^n$ ($[\alpha,\beta] \subset \mathbf{R}$ kompaktes n.a.Intervall) mit $\gamma^* := \gamma([\alpha,\beta]) \subset U$, die *stückweise stetig differenzierbar* ist, d.h. γ ist stetig und auf jedem Teilintervall $[t_{k-1},t_k]$ einer Zerlegung $\alpha = t_0 < t_1 < \dots < t_r = \beta$ stetig differenzierbar. Wir setzen dann

$$\gamma' : [\alpha,\beta] \to \mathbf{R}^n : t \mapsto \begin{cases} \gamma'(t), & \text{falls } \gamma \text{ bei } t \text{ differenzierbar ist,} \\ 0, & \text{sonst.} \end{cases}$$

Definition: Sei $\gamma : [\alpha,\beta] \to \mathbf{R}^n$ ein Weg in $\mathbf{R}^n$. Eine Funktion $f : \gamma^* \to \mathbf{R}^n$ heißt *längs γ integrierbar*, wenn (mit $\langle\ ,\ \rangle$ dem inneren Produkt auf $\mathbf{R}^n$)

$$\langle f \circ \gamma, \gamma' \rangle : [\alpha,\beta] \to \mathbf{R} : t \mapsto \langle f(\gamma(t)), \gamma'(t)\rangle$$

integrierbar ist; in diesem Falle heißt

$$\int_\gamma f\,dx := \int_\alpha^\beta \langle f(\gamma(t)), \gamma'(t)\rangle\,dt$$

das *Kurvenintegral von f längs γ*.

Bemerkung: i) Ist der Weg γ stetig differenzierbar auf den Teilintervallen $[t_{k-1}, t_k]$ einer Zerlegung $\alpha = t_0 < t_1 < \ldots < t_r = \beta$, und f längs γ integrierbar, so gilt wegen Additivität (§ 2 Satz 1)

$$\int_\gamma f\,dx = \sum_{k=1}^r \int_{t_{k-1}}^{t_k} \langle f(\gamma(t)), \gamma'(t)\rangle dt,$$

so daß man sich bei Beweisen häufig auf stetig differenzierbare Wege zurückziehen kann.

ii) Ist $\gamma = (\gamma_1, \ldots, \gamma_n) : [\alpha, \beta] \to \mathbf{R}^n$ ein Weg, so sind alle Komponentenfunktionen $\gamma_k : [\alpha, \beta] \to \mathbf{R}$ von beschränkter Variation (§ 1). Sind für $f : \gamma^* \to \mathbf{R}^n$ die Komponentenfunktionen $f_k \circ \gamma : [\alpha, \beta] \to \mathbf{R}(1 \leq k \leq n)$ stetig oder ebenfalls v.b.V., so ist auf Grund des Reduktionssatzes (§ 1 Satz 5) f längs γ integrierbar mit

$$\int_\gamma f\,dx = \sum_{k=1}^n \int_\alpha^\beta (f_k \circ \gamma)d\gamma_k.$$

Die rechte Seite dieser Formel gibt eine natürliche Verallgemeinerung von Kurvenintegralen längs Wegen γ auf den Fall, daß γ nur (komponentenweise) v.b.V. ist.

Beispiel: **1** Physik: z.B. die Arbeit, die eine Kraft f längs eines Weges γ leistet.

2 Für $a, e \in \mathbf{R}^n$ heißt $\gamma : [0,1] \to \mathbf{R}^n : \gamma(t) = a + te$ der *geradlinige Weg von a nach $a + e$.* Hierfür ist

$$\langle f \circ \gamma, \gamma'\rangle(t) = \langle f(a + te), e\rangle.$$

3 Der Vorzug von Wegen gegenüber stetig differenzierbaren Wegen liegt darin, daß man sie „aneinandersetzen" kann: Sind etwa $\gamma_i : [\alpha_i, \beta_i] \to \mathbf{R}^n$ für $i = 1, 2$ Wege mit $\gamma_1(\beta_1) = \gamma_2(\alpha_2)$, so auch der *„Summenweg"*

$$\gamma_1 \dotplus \gamma_2 : [\alpha_1, \beta_1 + \beta_2 - \alpha_2] \to \mathbf{R}^n$$
$$t \mapsto \begin{cases} \gamma_1(t) & \alpha_1 \leq t \leq \beta_1 \\ \gamma_2(t + \alpha_2 - \beta_1), & \beta_1 \leq t \leq \beta_1 + \beta_2 - \alpha_2 \end{cases}.$$

Hierfür hat man offenbar $(\gamma_1 \dotplus \gamma_2)^* = \gamma_1^* \cup \gamma_2^*$, und für eine längs $\gamma_1 \dotplus \gamma_2$ integrierbare Funktion $f : \gamma_1^* \cup \gamma_2^* \to \mathbf{R}^n$ wegen Additivität

$$\int\limits_{\gamma_1 \dotplus \gamma_2} f\, dx = \int\limits_{\gamma_1} f\, dx + \int\limits_{\gamma_2} f\, dx.$$

Neben der bilinearen Abhängigkeit des $\int_\gamma f\, dx$ von f und γ (§ 1 Satz 2) interessiert (bei festem f) vor allem seine Abhängigkeit von γ bei gegebenem *Anfangspunkt* $\gamma(\alpha)$ und *Endpunkt* $\gamma(\beta)$. Beruhigend ist zunächst, zu sehen, daß $\int_\gamma f\, dx$ im wesentlichen nur von der „geometrischen Kurve" γ^* (und, im Vorzeichen, vom Orientierungssinn) abhängt, genauer:

Satz 2 *(Parametrisierungsunabhängigkeit): Sei* $\gamma : [\alpha, \beta] \to \mathbf{R}^n$ *ein Weg (mit* $-\infty < \alpha < \beta < \infty$*)und* $f : \gamma^* \to \mathbf{R}^n$ *stetig. Bei beliebigem stetig differenzierbaren streng wachsenden* $\varphi : [\alpha', \beta'] \to \mathbf{R}$ *mit* $\varphi(\alpha') = \alpha, \varphi(\beta') = \beta$ *ist dann* $\gamma \circ \varphi : [\alpha', \beta'] \to \mathbf{R}^n$ *wieder ein Weg und es existiert und gilt*

$$\int\limits_{\gamma} f\, dx = \int\limits_{\gamma \circ \varphi} f\, dx.$$

Beweis: Ist $\alpha = t_0 < t_1 < \ldots < t_r = \beta$ eine Zerlegung so, daß γ jeweils stetig differenzierbar ist auf jedem Teilintervall $[t_{k-1}, t_k]$, so ist $\gamma \circ \varphi$ stetig differenzierbar auf den Teilintervallen $[t'_{k-1}, t'_k]$ der Zerlegung $\alpha' = t'_0 < t'_1 < \ldots < t'_r = \beta'$ mit $\varphi(t'_k) = t_k$ von $[\alpha', \beta']$. Also ist $\gamma \circ \varphi$ ebenfalls ein Weg. Für die Berechnung der beiden Integrale kann dann gemäß obiger Bemerkung i) o.E. γ stetig differenzierbar angenommen werden. Nach der Kettenregel ist

$$\langle f \circ \gamma \circ \varphi, (\gamma \circ \varphi)' \rangle = (\langle f \circ \gamma, \gamma' \rangle \circ \varphi) \cdot \varphi',$$

so daß nun die Behauptung sofort aus der Substitutionsregel (§ 2 Satz 3) folgt. ∎

Der eindimensionale Hauptsatz der Integralrechnung (§ 2 Satz 2) zerfällt jetzt in zwei Teile: einen trivialen über die Berechnung von Kurvenintegralen $\int_\gamma f\, dx$, wenn f eine Stammfunktion besitzt, und einen nicht-trivialen über die Existenz von Stammfunktionen.

Satz 3 *(Berechnung von Kurvenintegralen durch Stammfunktionen)*: Sei $U \subset \mathbf{R}^n$ offen, und die stetige Funktion $f : U \to \mathbf{R}^n$ besitze eine Stammfunktion F. Dann ist f längs jedes Weges $\gamma : [\alpha, \beta] \to \mathbf{R}^n$ in U integrierbar, und es gilt

$$\boxed{\int_\gamma f\, dx = F(\gamma(\beta)) - F(\gamma(\alpha))}\,.$$

Beweis: Wieder auf Grund der obigen Bemerkung i) kann o.E. γ stetig differenzierbar angenommen werden. Dann folgt aber die Behauptung sofort aus dem eindimensionalen Hauptsatz, da nach der Kettenregel gilt

$$\langle f \circ \gamma, \gamma' \rangle = (F \circ \gamma)'.$$

■

Die Existenz einer Stammfunktion für f hat also (neben den Integrabilitätsbedingungen) auch zur Folge, daß Kurvenintegrale $\int_\gamma f\, dx$ in dem Sinne *wegunabhängig* sind, daß sie nur noch vom Anfangs- und Endpunkt des Weges γ abhängen (und also bei *geschlossenen* Wegen, d.h. Wegen mit zusammenfallendem Anfangs- und Endpunkt, verschwinden; umgekehrt impliziert dies auf Grund der Additivität auch wieder die Wegunabhängigkeit beliebiger Kurvenintegrale).

Beispiele aus der Physik für die Aussage von Satz 3 sind Felder f mit *Potentialen* (= Stammfunktionen) F, etwa das elektrische Feld einer Ladungsverteilung. Hier ist also die Arbeit, die das Feld bei der Bewegung einer Probeladung von a nach b leistet, unabhängig vom Weg gleich der Potentialdifferenz $F(b) - F(a)$.

Wie weit die beiden als notwendig für die Existenz einer Stammfunktion erkannten Konsequenzen (die Integrabilitätsbedingungen bzw. die Wegunabhängigkeit von Kurvenintegralen) auch hinreichend sind, sagt der folgende Hauptsatz dieses Paragraphen. Wir formulieren ihn für den einfachen, aber wichtigen Fall sternförmiger U:

Definition: $U \subset \mathbf{R}^n$ heißt *sternförmig*, wenn für ein „*Sternzentrum*“

$a \in U$ gilt: $[a, x] := \{a + t(x - a) : 0 \le t \le 1\} \subset U$ für alle $x \in U$.

Bemerkung: Sternförmige U sind also insbesondere zusammenhängend, da ja je zwei Punkte aus U durch eine stetige Kurve (z.B. über a) verbindbar sind. Alle konvexen U, speziell Kugeln und Quader des $\mathbf{R}^n$, sind sternförmig.

Satz 4 *(Hauptsatz über Stammfunktionen): Sei $U \subset \mathbf{R}^n (n \ge 2)$ offen und sternförmig, $f : U \to \mathbf{R}^n$ stetig differenzierbar. Dann sind äquivalent:*

i) f besitzt eine (bis auf additive Konstanten eindeutige) Stammfunktion.

ii) f erfüllt die Integrabilitätsbedingungen $\frac{\partial f_i}{\partial x_k} = \frac{\partial f_k}{\partial x_i}, 1 \le i, k \le n$.

iii) Kurvenintegrale $\int_\gamma f\,dx$ mit Wegen γ in U sind wegunabhängig.

Zusatz 1. Gilt eine dieser äquivalenten Aussagen über f, so erhält man eine Stammfunktion $F : U \to \mathbf{R}$ durch (a Sternzentrum)

$$F(z) := \int\limits_a^z f\,dx := \int\limits_0^1 \langle f(a + t(z - a)), z - a \rangle dt.$$

2. In der Äquivalenz von i) mit iii) braucht f nur stetig vorausgesetzt zu werden.

Beweis: Die Schlüsse von i) nach ii) bzw. iii) (für stetiges f) wurden schon vorweggenommen.

iii) $\Rightarrow$ i) + Zusatz bei stetigem f: Für fixiertes $0 \ne e \in \mathbf{R}^n$ und $z \in U$ ist für hinreichend kleine $t \ne 0$ das Segment $[z, z + te] \subset U$, und

$$\int\limits_a^{z+te} f\,dx - \int\limits_a^z f\,dx = \int\limits_z^{z+te} f\,dx \qquad\qquad \text{(Additivität)}$$

$$= \int\limits_0^1 \langle f(z + ste), te \rangle ds = \int\limits_0^t \langle f(z + se), e \rangle ds.$$

Also existiert (Hauptsatz der 1-dimensionalen Integralrechnung, § 2 Satz 2) die Richtungsableitung

$$D_e F(z) := \lim_{t \to 0} \frac{1}{t} \left(\int\limits_a^{z+te} f\, dx - \int\limits_a^z f\, dx \right) = \langle f(z), e \rangle,$$

d.h. F ist (stetig partiell) differenzierbar mit $F' = f$.

ii) $\Rightarrow$ i): Ist f stetig differenzierbar, so kann die zu fixiertem Sternzentrum a gebildete Funktion

$$F(z) = \int\limits_a^z f\, dx = \int\limits_0^1 \langle f(a + t(z-a)), z - a \rangle dt$$

auch unter dem Integralzeichen differenziert werden (§ 1 Satz 6); wir zeigen, daß sich dabei ergibt $\frac{\partial F}{\partial x_k} = f_k, 1 \leq k \leq n$. Zunächst ist der Integrand

$$g(z,t) := \langle f(a + t(z-a)), z - a \rangle$$

stetig partiell differenzierbar mit

$$\frac{\partial g}{\partial z_k}(z,t) = \langle t \frac{\partial f}{\partial x_k}(a + t(z-a)), z - a \rangle + \langle f(a + t(z-a)), e^k \rangle =$$

$$= t \sum_{i=1}^n \frac{\partial f_i}{\partial x_k}(a + t(z-a))(z_i - a_i) + f_k(a + t(z-a)) =$$

$$= t \sum_{i=1}^n \frac{\partial f_k}{\partial x_i}(a + t(z-a))(z_i - a_i) + f_k(a + t(z-a));$$

die letzte Gleichung folgt aus den Integrabilitätsbedingungen. Mit der Abkürzung $h(t) := f_k(a + t(z-a))$ haben wir also $\frac{\partial g}{\partial z_k}(z,t) = h(t) + th'(t)$, so daß schließlich Differentiation von F unter dem Integralzeichen ergibt

$$\frac{\partial F}{\partial z_k}(z) = \int\limits_0^1 \frac{\partial g}{\partial z_k}(z,t)dt = [th(t)]_0^1 = f_k(z).$$

Anhang *(Cauchy'scher Integralsatz)*: Der Fall $n = 2$ ist in der Funktionentheorie von fundamentaler Bedeutung. Ist $\Omega \subset \mathbf{C}$ offen und $f : \Omega \to \mathbf{C}$ (komplex) differenzierbar, so gelten für die durch $f(x + iy) =: u(x,y) + iv(x,y)$ auf der offenen Menge $U := \{(x,y) : x + iy \in \Omega\}$ des $\mathbf{R}^2$ definierten reellwertigen Funktionen u, v die *Cauchy-Riemannschen Differentialgleichungen*

$$\frac{\partial u}{\partial x}(x,y) = Re \lim_{t \to 0} \frac{f(x + iy + t) - f(x + iy)}{t} = Re f'(x + iy) =$$

$$= Re \lim_{t \to 0} \frac{f(x + iy + it) - f(x + iy)}{it} = \frac{\partial v}{\partial y}(x,y),$$

und ebenso $\frac{\partial u}{\partial y}(x,y) = -\frac{\partial v}{\partial x}(x,y)$. Anders ausgedrückt, erfüllen also die beiden Funktionen

$$g := (u, -v) \quad \text{bzw.} \quad h := (v, u) : U \to \mathbf{R}^2$$

die Integrabilitätsbedingungen.

Andererseits schreibt sich für einen Weg $\gamma : [\alpha, \beta] \to \mathbf{R}^2$ das Kurvenintegral

$$\int_\gamma g\,d(x,y) + i \int_\gamma h\,d(x,y) = \int_\alpha^\beta \langle g \circ \gamma(t), \gamma'(t)\rangle dt + i \int_\alpha^\beta \langle h \circ \gamma(t), \gamma'(t)\rangle dt =$$

$$= \int_\alpha^\beta f(\gamma_1(t) + i\gamma_2(t)) \cdot (\gamma_1 + i\gamma_2)'(t)dt =: \int_{\gamma_1 + i\gamma_2} f\,dz,$$

wobei die letzte Gleichheit das Kurvenintegral von f längs des Weges $\gamma_1 + i\gamma_2 : [\alpha, \beta] \to \mathbf{C}$ in Ω definiert. Hierfür liefert also der Hauptsatz folgende Grundversion des *Cauchy'schen Integralsatzes*:

Korollar: *Sei $\Omega \subset \mathbf{C}$ sternförmig und $f : \Omega \to \mathbf{C}$ stetig (komplex) differenzierbar. Dann sind Kurvenintegrale $\int_\gamma f\,dz$ längs Wegen γ in Ω wegunabhängig (also $= 0$ für geschlossene Wege).*

§ 4 Meßräume.

Wir verzichten auf einen weiteren Ausbau der Riemann'schen Integrationstheorie. So einfach und anwendbar die in § 1-3 erzielten Ergebnisse sind, so notwendig erweist sich schließlich doch eine umfassendere Theorie: mit flexibleren Grenzwertsätzen, dimensionsfrei und zudem geeignet für eine allgemeine Formulierung der Wahrscheinlichkeitstheorie. Wir beginnen in diesem Paragraphen mit der Entwicklung des Meßbarkeitsbegriffs. Es besteht eine offensichtliche Parallelität zwischen Meßräumen und topologischen Räumen, die sich im nächsten Paragraphen zu einer solchen zwischen meßbaren und stetigen Funktionen fortsetzt.

Definition: Sei $\Omega \neq \emptyset$ eine Menge. Eine Familie $\mathcal{A}$ von Teilmengen von Ω heißt eine *σ-Algebra auf* Ω und dann $(\Omega; \mathcal{A})$ ein *Meßraum*, wenn:

(a) $\emptyset$ und $\Omega \in \mathcal{A}$

(b) $\mathcal{A}$ ist stabil gegen abzählbare Vereinigungsbildung von Mengen aus $\mathcal{A}$, d.h. $A_1, A_2, \ldots \in \mathcal{A} \Rightarrow \cup_1^\infty A_n \in \mathcal{A}$

(c) $\mathcal{A}$ ist *komplementiert*, d.h. $A \in \mathcal{A} \Rightarrow CA := \Omega \backslash A \in \mathcal{A}$.

Bemerkung: i) (a) ist nur eine Reichhaltigkeitsforderung. Wegen $\bigcap_n A_n = C \bigcup_n CA_n$ ist im komplementierten Falle (b) mit der Stabilität von $\mathcal{A}$ gegen abzählbare Durchschnitte äquivalent.

ii) Die Forderungen (a) und (b) (letzteres sogar für beliebige Vereinigungen) gehören auch zur Definition einer Topologie auf Ω; Forderung (c) verlangt aber eine völlige Symmetrie zwischen „offenen" und „abgeschlossenen" Mengen, eine nur von sehr extremen Topologien erfüllte Eigenschaft: Eine Topologie $\mathcal{T}$ ist σ-Algebra $\Leftrightarrow$ jede offene Menge ist zugleich abgeschlossen. Insbesondere sind die

kleinste σ-Algebra auf Ω, also $\{\emptyset, \Omega\}$,   und die
größte σ-Algebra auf Ω, also $\mathbf{P}(\Omega)$,   *(Potenzmenge)*

auch solche „extremen" Topologien.
Ist $\mathcal{A}$ eine σ-Algebra auf Ω und $\Omega' \subset \Omega$ eine nicht-leere Teilmenge, so ist

$$\Omega' \cap \mathcal{A} := \{\Omega' \cap A : A \in \mathcal{A}\}$$

eine σ-Algebra auf Ω' (entsprechend der Relativtopologie).

iii) σ-Algebren liegen meist vor als die von einem vorgegebenem Mengensystem $\mathcal{E} \subset \mathbf{P}(\Omega)$ *erzeugte* σ- Algebra

$$\mathcal{A}(\mathcal{E}) := \cap\{\mathcal{B} : \mathcal{B} \ \sigma\text{-Algebra}; \mathcal{B} \supset \mathcal{E}\}$$

(die Durchschnittsbildung hier natürlich in der Potenzmenge $\mathbf{P}(\Omega)$!); $\mathcal{A}(\mathcal{E})$ ist für jedes Mengensystem $\mathcal{E}$ offensichtlich eine σ-Algebra.

Beispiel: Sei $\mathcal{T}$ eine Topologie auf Ω; dann heißt $\mathcal{A}(\mathcal{T})$ die σ-Algebra der *Borelschen* Teilmengen von Ω. Diese ist vor allem dort „natürlich" wo es eine „natürliche" Topologie gibt (wir schreiben dann statt $\mathcal{A}(\mathcal{T})$ auch $\mathcal{B}(\Omega)$ oder einfach $\mathcal{B}$, wenn Ω fixiert ist), also z.B.:

1   Auf endlich-dimensionalen **K**-Vektorräumen, insbesondere auf $\mathbf{R}^n$. Man braucht hier nicht die Gesamtheit $\mathcal{E}$ aller offenen (oder auch: aller abgeschlossenen) Mengen, um als $\mathcal{A}(\mathcal{E})$ ganz $\mathcal{B}$ zu erhalten; es ist z.B. auch

$$\mathcal{B} = \mathcal{A}(\mathcal{E}) \text{ für } \mathcal{E} = \{W : W = [a, b] \times \ldots \times [a, b] =: [a, b]^n; a < b\}.$$

Es gilt nämlich sogar: jedes offene $U \subset \mathbf{R}^n$ ist darstellbar als abzählbare Vereinigung kompakter Würfel W mit paarweise disjunktem Inneren int W.

Denn: Für einen Würfel $[a, b]^n$ ist natürlich $\text{int}[a, b]^n =]a, b[^n$. Wir konstruieren eine abzählbare Familie von Würfeln in der gewünschten Art schrittweise: Für jedes $\ell \in \mathbf{N}$ sei

$$\mathbf{W}_\ell := \{[\frac{m}{2^\ell}, \frac{m+1}{2^\ell}]^n : m \in \mathbf{Z}\}$$

(eine abzählbare Menge von Würfeln der Kantenlänge $\frac{1}{2^\ell}$). Offenbar gilt:

$$(W \in \mathbf{W}_\ell \& W' \in \mathbf{W}_{\ell'} \text{ mit } \ell' \geq \ell) \Rightarrow W' \subset W \text{ oder int} W' \cap \text{int} W = \emptyset.$$

Nun bilde induktiv

$$M_1 := \text{Menge aller } W \in \mathbf{W}_1 \text{ mit } W \subset U$$
$$M_2 := \text{Menge aller } W \in \mathbf{W}_2 \text{ mit } W \subset U$$
$$\& W \text{ in keinem } W' \in M_1,$$
$$\ldots$$

$$M_\ell := \text{Menge aller } W \in \mathbf{W}_\ell \text{ mit } W \subset U$$
$$\&\ W \text{ in keinem } W' \in M_1, \dots, M_{\ell-1}.$$

Dann ist offenbar $U = \cup\{W : W \in M_\ell \text{ für ein } \ell \in \mathbf{N}\}$; andererseits gilt für $W \in M_\ell$ und $W' \in M_{\ell'}$, stets $W = W'$ oder int $W \cap$ int $W' = \emptyset$ nach dem vorhin Bemerkten.

∎

2   Die in der Analysis betrachtete Konvergenz in $\overline{\mathbf{R}}$ (vgl. § 1) gehört offenbar zu der „natürlichen" Topologie $\mathcal{T}$ auf $\overline{\mathbf{R}}$ mit der Basis $\mathcal{E}$ aller Intervalle der Form

$$]\alpha, \beta[\text{ oder } [-\infty, \alpha[\text{ oder }]\beta, \infty]; \alpha, \beta \in \mathbf{Q}.$$

Da diese also abzählbar ist, wird auch

$$\mathcal{B}(\overline{\mathbf{R}}) := \mathcal{A}(\mathcal{T}) = \mathcal{A}(\mathcal{E})$$

schon von $\mathcal{E}$ erzeugt.

3   Ist $\mathcal{T}$ eine Topologie auf Ω und $\emptyset \neq \Omega' \subset \Omega$, so gilt für die Einschränkungen der zugehörigen topologischen bzw. Borelschen Struktur auf Ω', wie leicht nachvollziehbar,

$$\Omega' \cap \mathcal{A}(\mathcal{T}) = \mathcal{A}(\Omega' \cap \mathcal{T}).$$

Unter geeigneten Voraussetzungen an das Erzeugendensystem $\mathcal{E}$ ist $\mathcal{A}(\mathcal{E})$ einfacher zu beschreiben. Dies ist nützlich für die Ausdehnung von Aussagen, die über $\mathcal{E}$ gelten, auf ganz $\mathcal{A}(\mathcal{E})$. Wir vereinbaren folgende Sprechweise für Mengensysteme $\mathcal{M} \subset \mathbf{P}(\Omega)$:

$\mathcal{M}$ *∩-stabil*, wenn $A \cap B \in \mathcal{M}$ für alle $A, B \in \mathcal{M}$;

$\mathcal{M}$ *Algebra*, wenn $\Omega \in \mathcal{M}$, $\mathcal{M}$ ∩- stabil und komplementiert;

$\mathcal{M}$ *σ-stabil* (bzw. *δ-stabil*), wenn $\cup_{k\in\mathbf{N}} A_k \in \mathcal{M}$ für jede aufsteigende Folge $A_1 \subset A_2 \subset \dots$ in $\mathcal{M}$ (bzw. $\cap_{k\in\mathbf{N}} A_k \in \mathcal{M}$ für jede absteigende Folge $A_1 \supset A_2 \supset \dots$ in $\mathcal{M}$);

$\mathcal{M}$ *Dynkin-System*, wenn $\Omega \in \mathcal{M}$, $\mathcal{M}$ σ-stabil und $\mathcal{M}$ *relativ komplementiert* (d.h. $B \backslash A := B \cap CA \in \mathcal{M}$ für alle $A, B \in \mathcal{M}$ mit $A \subset B$).

Bemerkung: i) Beliebige Durchschnitte (in $\mathbf{P}(\Omega)$) von Mengensystemen mit einer oder mehreren dieser Eigenschaften haben wieder diese Eigenschaften, so daß jedes $\mathcal{E} \subset \mathbf{P}(\Omega)$ ein kleinstes Mengensystem $\mathcal{M}(\mathcal{E})$ mit den entsprechenden Eigenschaften erzeugt.

ii) Ist $\mathcal{M}$ komplementiert, so ist $\mathcal{M}$ auch relativ komplementiert genau dann, wenn $A \cup B \in \mathcal{M}$ für alle $A, B \in \mathcal{M}$ mit $A \cap B = \emptyset$.

Denn: $A \subset B \Leftrightarrow A \cap CB = \emptyset$, und $B \backslash A = C(A \cup CB)$.

■

iii) $\mathcal{M}$ ist Dynkinsystem $\Leftrightarrow$ ($\Omega \in \mathcal{M}$, $\mathcal{M}$ komplementiert und $\cup_{n \in \mathbb{N}} A_k \in \mathcal{M}$ für jede Folge von paarweise disjunkten $A_k \in \mathcal{M}$). Dies ist eine leichte Konsequenz von ii).

Satz (*Monotone-Klasse-Argument*): *Sei $\mathcal{E} \subset \mathbf{P}(\Omega)$ und hierzu $\mathcal{M}$ das von $\mathcal{E}$ erzeugte σ- und δ-stabile Mengensystem sowie $\mathcal{D}$ das von $\mathcal{E}$ erzeugte Dynkin-System.*

i) Ist $\mathcal{E}$ $\cap$-stabil bzw. komplementiert, so auch $\mathcal{M}$. Ist insbesondere $\mathcal{E}$ eine Algebra, so $\mathcal{M} = \mathcal{A}(\mathcal{E})$.

ii) Ist $\mathcal{E}$ $\cap$-stabil, so $\mathcal{D} = \mathcal{A}(\mathcal{E})$.

Beweis: i) Die Mengensysteme $\mathcal{M}' := \{A \in \mathcal{M} : CA \in \mathcal{M}\}$ und, bei beliebigem $B \in \mathcal{M}$, auch $\mathcal{M}_B := \{A \in \mathcal{M} : A \cap B \in \mathcal{M}\}$ sind offenbar wieder σ-&-δ-stabil. Ist $\mathcal{E}$ komplementiert, so gilt $\mathcal{E} \subset \mathcal{M}'$ und somit $\mathcal{M}' = \mathcal{M}$, also $\mathcal{M}$ komplementiert. Ist $\mathcal{E}$ $\cap$-stabil, so gilt $\mathcal{E} \subset \mathcal{M}_B$ und somit $\mathcal{M}_B = \mathcal{M}$ zunächst für jedes $B \in \mathcal{E}$, damit aber dann auch für jedes $B \in \mathcal{M}$, und das heißt gerade, daß $\mathcal{M}$ $\cap$-stabil ist. Ist jetzt $\mathcal{E}$ eine Algebra, so nach dem Gezeigten also $\mathcal{M}$ komplementiert und $\cap$-stabil, also σ-Algebra, da $\Omega \in \mathcal{E} \subset \mathcal{M}$.

ii) Zu zeigen ist nur die $\cap$-Stabilität von $\mathcal{D}$, und hierzu, daß für jedes $B \in \mathcal{D}$ das wie in i) gebildete $\mathcal{D}_B = \{A \in \mathcal{D} : A \cap B \in \mathcal{D}\}$ ein $\mathcal{E}$ enthaltendes Dynkin-System ist. Natürlich ist $\Omega \in \mathcal{D}_B$ und $\mathcal{D}_B$ σ-stabil. $\mathcal{D}_B$ ist auch relativ komplementiert:

$$A_1 \subset A_2 \Rightarrow (A_2 \backslash A_1) \cap B = (A_2 \cap B) \backslash (A_1 \cap B) \in \mathcal{D}_B \text{ für } A_1, A_2 \in \mathcal{D}_B.$$

Also ist $\mathcal{D}_B$ Dynkin-System für jedes $B \in \mathcal{D}$. Schließlich gilt $\mathcal{E} \subset \mathcal{D}_B$ zunächst für jedes $B \in \mathcal{E}$, da $\mathcal{E}$ $\cap$-stabil ist, damit aber auch wieder für jedes $B \in \mathcal{D}$.

■

§ 5. Meßbare Funktionen.

Der in diesem Paragraphen eingeführte Begriff der Meßbarkeit von Abbildungen ist sowohl leichter zu verifizieren als auch aufgrund seiner Permanenzeigenschaften bequemer zu handhaben als der entsprechende topologische Begriff der Stetigkeit.
Wir erinnern uns zunächst daran, daß eine Abbildung zwischen topologischen Räumen stetig heißt, wenn das Urbild offener Mengen offen ist. Im Zusammenhang der Meßbarkeit definieren wir entsprechend:

Definition: Seien $(\Omega; \mathcal{A})$ und $(\Omega'; \mathcal{A}')$ Meßräume. Eine Abbildung $f : \Omega \to \Omega'$ heißt *meßbar* (bezüglich $\mathcal{A}\,\&\,\mathcal{A}'$), wenn $f^{-1}(B) \in \mathcal{A}$ für alle $B \in \mathcal{A}'$. Im Falle $\Omega' = \overline{\mathbf{R}}$ oder $\mathbf{K}^n$ bezieht sich dabei „Meßbarkeit" stets auf die Borelsche σ-Algebra $\mathcal{B} = \mathcal{A}(\mathcal{T})$ zur natürlichen Topologie $\mathcal{T}$ auf Ω'.

Bemerkung: i) Ist $(\Omega; \mathcal{A})$ ein Meßraum und $B \subset \Omega$, so ist offensichtlich B genau dann in $\mathcal{A}$, wenn die *Indikatorfunktion* von B

$$\chi_B : \Omega \to \mathbf{R} : \chi_B(x) = \begin{cases} 1 & \text{für } x \in B \\ 0 & \text{für } x \notin B \end{cases}$$

meßbar ist.

ii) Trivialerweise sind Kompositionen meßbarer Abbildungen wieder meßbar.

Beispiel: 1   Sind $\mathcal{T}$ auf Ω bzw. $\mathcal{T}'$ auf Ω' Topologien, so ist jedes stetige $f : \Omega \to \Omega'$ *Borel-meßbar*, d.h. meßbar bezüglich der zugehörigen Borelschen σ-Algebren $\mathcal{A}(\mathcal{T})$ bzw. $\mathcal{A}(\mathcal{T}')$.

Denn:

$$\mathcal{A}_0 := \{B \in \mathcal{A}(\mathcal{T}') : f^{-1}(B) \in \mathcal{A}(\mathcal{T})\}$$

ist eine σ-Algebra auf Ω', die nach Voraussetzung alle $B \in \mathcal{T}'$ enthält; also ist $\mathcal{A}_0 = \mathcal{A}(\mathcal{T}')$. Man beachte hier und im folgenden, daß Urbildabbildungen $B \mapsto f^{-1}(B)$ mit beliebigen mengentheoretischen Operationen vertauschen.

2   Sei $(\Omega; \mathcal{A})$ beliebiger Meßraum und $\mathbf{K}(= \mathbf{R}$ oder $\mathbf{C})$ wie üblich versehen mit der Borelschen σ-Algebra $\mathcal{B}$. Dann gilt für eine Funktion $f : \Omega \to \mathbf{K} : f$ ist $\mathcal{A}$-meßbar und $f(\Omega) \subset \mathbf{K}$ endliche Menge $\Leftrightarrow f$ ist $\mathcal{A}$-Stufenfunktion, d.h. von der Form

$$f = \sum_{k=1}^{r} \alpha_k \chi_{A_k}; \alpha_k \in \mathbf{K}; A_k \in \mathcal{A} \text{ paarweise disjunkt}; r \in \mathbf{N}.$$

Denn: $\Leftarrow: f^{-1}(B) = \cup\{A_k : k \in \{1, \ldots, r\} \text{ mit } \alpha_k \in B\} \in \mathcal{A}.$
$\Rightarrow: f = \sum_{\alpha \in f(\Omega)} \alpha \cdot \chi_{\{f=\alpha\}}, \text{ also } \mathcal{A}\text{-Stufenfunktion.}$

$\blacksquare$

Der Grund für die leichte Handhabung meßbarer Funktionen liegt in ihrem Approximations- und Permanenzverhalten. Wie schon im letzten Beweis verwenden wir Kurzschreibweisen der Form $\{f > \alpha\} := \{x \in \Omega : f(x) > \alpha\}$ usw..

Satz 1 *(Meßbarkeit $\overline{\mathbf{R}}$-wertiger Funktionen): Sei $(\Omega; \mathcal{A})$ ein beliebiger Meßraum.*

i) $f : \Omega \to \overline{\mathbf{R}}$ ist meßbar $\Leftrightarrow \{f > \alpha\} \in \mathcal{A}$, für alle $\alpha \in \mathbf{R}$.

ii) Sind $f_1, f_2, \ldots : \Omega \to \overline{\mathbf{R}}$ meßbare Funktionen, so sind auch die (punktweise gebildeten) Funktionen $\sup_n f_n, \inf_n f_n, \limsup_{n \to \infty} f_n, \liminf_{n \to \infty} f_n$ meßbar; insbesondere ist bei punktweiser Konvergenz $f_n \to f$ auch f meßbar.

iii) Ist $f : \Omega \to \overline{\mathbf{R}}_+$ meßbar, so gibt es eine aufsteigende Folge von $\mathcal{A}$-Stufenfunktionen $f_n : \Omega \to \mathbf{R}_+$ mit $f_n \nearrow f$ (d.h. also: $0 \leq f_1 \leq f_2 \leq \ldots$ und $\sup_n f_n = f$ punktweise).

Beweis: i) Gemäß §4 Beispiel **2** wird $\mathcal{B}$ erzeugt von den Intervallen $]\alpha, \beta],]\alpha, \infty], [-\infty, \beta]$ mit $\alpha, \beta \in \mathbf{R}$. Zum Beweis der nichttrivialen Implikation „$\Leftarrow$" genügt es also, $f^{-1}(B) \in \mathcal{A}$ für ein beliebiges solches erzeugendes Intervall B z.z.. Dies gilt nach Voraussetzung für $B =]\alpha, \infty]$, damit auch für $B = \mathbf{C}]\alpha, \infty] = [-\infty, \alpha]$ und daher auch für $B =]\alpha, \beta] =]\alpha, \infty] \cap [-\infty, \beta]$.

ii) Folgt direkt aus i) und $\{\sup_n f_n > \alpha\} = \cup_n \{f_n > \alpha\} \in \mathcal{A}$ sowie $\inf_n f_n = -\sup_n(-f_n), \limsup_{n \to \infty} f_n = \inf_n \sup_{k \geq n} f_k$ usw..

iii) Zu meßbarem $f : \Omega \to \overline{\mathbf{R}}_+$ bilde zunächst die Folge von $\mathcal{A}$-Stufenfunktionen $g_n : \Omega \to \mathbf{R}_+$:

$$g_n(x) = \begin{cases} \frac{m-1}{n}, & \text{falls } \frac{m-1}{n} \leq f(x) < \frac{m}{n}, \, m \in \mathbf{N} : 1 \leq m \leq n^2 \, . \\ n, & \text{falls } f(x) \geq n \end{cases}$$

Hierfür gilt dann

$$g_n \leq f \text{ und } f(x) - g_n(x) \leq \frac{1}{n} \text{ für } x \in \{f < n\},$$

insbesondere $g_n(x) \to f(x)$ für jedes $x \in \Omega$. Wegen ii) sind dann auch die $f_n := \sup_{k \leq n} g_k$ $\mathcal{A}$-meßbar und haben endlichen Wertebereich (also: $\mathcal{A}$-Stufenfunktionen), und $0 \leq g_n \leq f_n \leq f_{n+1} \leq f$, also $f_n \nearrow f$.

$\blacksquare$

Satz 2 *(Permanenz- und Approximationseigenschaften meßbarer $\mathbf{C}$-wertiger Funktionen)*:

Sei $(\Omega; \mathcal{A})$ ein Meßraum.

i) $f : \Omega \to \mathbf{C}$ meßbar $\Leftrightarrow$ Re f und Im $f : \Omega \to \mathbf{R}$ meßbar $\Leftrightarrow$ $f = \lim_{n \to \infty} f_n$ für eine Folge von $\mathcal{A}$-Stufenfunktionen $f_n : \Omega \to \mathbf{C}$ mit $|f_n| \leq 4|f|$.

ii) $f, g : \Omega \to \mathbf{C}$ meßbar $\Rightarrow$ $fg, f \pm g, |f|, \ldots$ meßbar.

iii) $f_n \to f$ punktweise und jedes f_n meßbar $\Rightarrow$ f meßbar.

Beweis: ii) folgt sofort aus i), da mit f_n, g_n auch $f_n g_n, f_n \pm g_n, |f_n|, \ldots$, $\mathcal{A}$-Stufenfunktionen sind.

i), iii): 1. f meßbar $\Rightarrow$ Re $f := $ Re $\circ f$ und Im f meßbar, da Re,Im: $\mathbf{C} \to \mathbf{R}$ sogar stetige (erst recht Borel-meßbare) Funktionen sind.

2. Sogar bei beliebigem topologischem Hausdorff-Raum $(\Omega'; \mathcal{T})$, versehen mit $\mathcal{A}' := \mathcal{A}(\mathcal{T})$, ist ein punktweiser Grenzwert $f = \lim_{n \to \infty} f_n$ von meßbaren $f_n : \Omega \to \Omega'$ selbst meßbar; denn bei beliebigem offenem $U \subset \Omega'$ gilt ja

$$f(x) \in U \Leftrightarrow f_n(x) \in U \text{ schließlich } \Leftrightarrow x \in \cup_n \cap_{k \geq n} f_k^{-1}(U),$$

also $f^{-1}(U) = \cup_n \cap_{k \geq n} f_k^{-1}(U) \in \mathcal{A}$.

3. $f : \Omega \to \mathbf{R}$ meßbar $\Rightarrow f = \lim_{n\to\infty} f_n$ mit $f_n : \Omega \to \mathbf{R}, |f_n| \leq 2|f|$, $\mathcal{A}$-Stufenfunktionen, denn: Dies gilt einerseits für nicht-negative meßbare f (Satz 1. iii)); andererseits ist ein beliebiges meßbares f Differenz von nicht-negativen meßbaren Funktionen, z.B.

$$f = f_+ - f_- \text{ für } f_+(x) := \max\{f(x), 0\}, f_-(x) := \max\{-f(x), 0\}$$

(dabei sind *Positiv-* und *Negativteil* $f_\pm$ von f meßbar nach Satz 1. ii)). ∎

§ 6. Maße.

Wir studieren Maße auf σ-Algebren: allgemeine Eigenschaften von Maßen sowie Existenz und Eindeutigkeit von Maßfortsetzungen. Borelmaße auf Intervallen werden durch ihre (monoton wachsende, rechtsstetige) Verteilungsfunktion beschrieben.

Definition: Sei $\mathcal{A}$ eine Mengenalgebra auf Ω und $\mu : \mathcal{A} \to \overline{\mathbf{R}}_+$; μ heißt *additiv*, wenn $\mu(\emptyset) = 0$ und $\mu(A \cup B) = \mu(A) + \mu(B)$ für beliebige disjunkte $A, B \in \mathcal{A}$. Gilt sogar für beliebige paarweise disjunkte $A_n \in \mathcal{A}$ mit $\cup_1^\infty A_n \in \mathcal{A}$

$$\mu(\cup_1^\infty A_n) = \sum_{n=1}^\infty \mu(A_k), \quad (:= \sup_n \sum_{k=1}^n \mu(A_k)),$$

so heißt μ *σ-additiv* oder auch ein *Maß* auf $\mathcal{A}$.

Ein *Maßraum* ist ein Tripel $(\Omega; \mathcal{A}; \mu)$ mit $\Omega \neq \emptyset$ Menge, $\mathcal{A}$ σ-Algebra auf Ω und μ Maß auf $\mathcal{A}$.

Bemerkung: i) μ additiv $\Rightarrow$ μ *monoton* $(A \subset B \Rightarrow \mu(B) = \mu(A) + \mu(B \setminus A) \geq \mu(A))$, *subadditiv* $(\mu(A \cup B) = \mu(A) + \mu(B \setminus A) \leq \mu(A) + \mu(B))$, *subtraktiv* $(A \subset B \& \mu(A) < \infty \Rightarrow \mu(B \setminus A) = \mu(B) - \mu(A))$.

   ii) μ σ-additiv $\Leftrightarrow$ μ additiv & *σ-subadditiv* d.h. $\mu(\cup_1^\infty A_n) \leq \sum_1^\infty \mu(A_n)$ für $A_1, A_2, \ldots \in \mathcal{A}$ mit $\cup_1^\infty A_n \in \mathcal{A}$.

Denn: $\Rightarrow$: z.z. μ σ-subadditiv. Dies folgt nach Übergang zu den *disjunkten Verkleinerungen*

$$B_1 := A_1, B_2 := A_2 \setminus A_1, B_3 := A_3 \setminus (A_1 \cup A_2), \ldots \in \mathcal{A},$$

mit $\cup_1^\infty A_n = \cup_1^\infty B_n$:

$$\mu(\cup_1^\infty A_n) = \mu(\cup_1^\infty B_n) = \sum_1^\infty \mu(B_n) \leq \sum_1^\infty \mu(A_n).$$

$\Leftarrow$: Für eine disjunkte Folge (A_n) in $\mathcal{A}$ mit $\cup_1^\infty A_n \in \mathcal{A}$ gilt jetzt

$$\sum_1^\infty \mu(A_n) \searrow \sum_1^n \mu(A_k) \;\underset{\uparrow}{=}\; \mu(\cup_1^n A_k) \;\underset{\uparrow}{\leq}\; \mu(\cup_1^\infty A_k) \;\underset{\uparrow}{\leq}\; \sum_1^\infty \mu(A_k).$$

$$ \mu \text{ additiv} \qquad \mu \text{ monoton} \qquad \mu \text{ } \sigma\text{-subadditiv}$$

$\blacksquare$

Beispiel: 1 $\mathcal{A}$ beliebige Mengenalgebra auf Ω. Die beiden folgenden („diskreten") Maße sind sogar auf der Potenzmenge $\mathbf{P}(\Omega)$ definiert:

i) Das *Dirac-Maß* zu einem gegebenen Punkt $a \in \Omega$:

$$\delta_a : \mathcal{A} \to \mathbf{R}_+ : \delta_a(A) = \chi_A(a) \left(= \begin{cases} 1, & a \in A, \\ 0, & a \notin A. \end{cases} \right).$$

ii) Das *Zählmaß* $\zeta : \mathcal{A} \to \overline{\mathbf{R}}_+$ mit $\zeta(A) :=$ Mächtigkeit von A, falls A endliche Menge ist; $= \infty$ sonst.

2 Sei $I = [\alpha, \beta]$ ein n.a. kompaktes Intervall; setze $\mathcal{M} := \{M : M =]s,t] \text{ mit } \alpha \leq s \leq t \leq \beta, \text{ oder } M = \{\alpha\}\}$ und bilde

$$\mathcal{B}_0 := \{\bigcup_{k=1}^r M_k : M_k \in \mathcal{M} \text{ paarweise disjunkt}; r \in \mathbf{N}\}.$$

Offenbar erzeugt $\mathcal{M}$ die Borelsche σ-Algebra $\mathcal{B}$ auf I, d.h. $\mathcal{B} = \mathcal{A}(\mathcal{M})$. $\mathcal{B}_0$ ist selbst schon eine Mengenalgebra auf I, denn: Wegen $\complement]s,t] = \{\alpha\}\cup]\alpha,s]\cup]t,\beta]$ und, da offenbar $\mathcal{M}$ $\cap$-stabil ist, ist $\mathcal{B}_0$ komplementiert ($\complement\cup M_k = \cap \complement M_k$) und ebenfalls $\cap$-stabil $((\cup M_k)\cap(\cup M'_\ell) = \bigcup_{k,\ell} M_k \cap M'_\ell)$.

Wir fixieren weiter eine monoton wachsende, rechtsstetige Funktion $g : I \to \mathbf{R}$ und setzen (in den Bezeichnungen von § 1)

$$\mu_g : \mathcal{B}_0 \to \mathbf{R}_+ : \mu_g(M) = \int_\alpha^\beta \chi_M \, dg.$$

Daß χ_M g-integrierbar ist für alle $M \in \mathcal{M}$ (und damit auch für alle $M \in \mathcal{B}_0$), ist für $M = \{\alpha\}$ evident: $\int_\alpha^\beta \chi_{\{\alpha\}} dg = g(\alpha+) - g(\alpha) = 0$; für $M =]s,t]$ ergibt sich

$$\mu_g(]s,t]) = g(t) - g(s),$$

nämlich für eine Zerlegung der Form
$Z = (t_0 = \alpha, t_1, \ldots, t_k = s, t_{k+1}, \ldots, t_\ell = t, \ldots t_r = \beta)$, die o.E. s, t
enthält,

$$\sum_Z \chi_{]s,t]} dg = (g(t_{k+2}) - g(t_{k+1})) + \ldots + (g(t_{\ell+1}) - g(t_\ell)) = g(t_{\ell+1}) - g(t_{k+1}),$$

und dies strebt bei feiner werdendem Z gegen $g(t+) - g(s+) = g(t) - g(s)$.
Damit ist μ_g wohldefiniert, und wegen Linearität des Integrals additiv
auf $\mathcal{B}_0$. - Wir werden bis zum Ende dieses Paragraphen zeigen, daß μ_g
σ-additiv ist und sich sogar zu einem Maß auf $\mathcal{B}$ fortsetzen läßt.

Satz 1 *(σ-Additivität $=$ Additivität $+$ σ-Stetigkeit): Sei $\mathcal{A}$ eine Mengenalgebra; $\mu : \mathcal{A} \to \overline{\mathbb{R}}_+$. Dann gilt: μ ist σ-additiv $\Leftrightarrow$ μ ist additiv und
σ-stetig von unten d.h. $\mu(A_n) \nearrow \mu(A)$ für jede Folge $\mathcal{A} \ni A_n \nearrow A \in \mathcal{A}$
(ausführlich: $A_1 \subset A_2 \subset \ldots; A_n \in \mathcal{A}, \forall n; A := \bigcup_1^\infty A_n \in \mathcal{A}$).
Ist $\mu(\Omega) < \infty$, so ist ebenso : μ σ-additiv $\Leftrightarrow$ μ additiv und σ-stetig von
oben, d.h. $\mathcal{A} \ni A_n \searrow \emptyset \Rightarrow \mu(A_n) \searrow 0$.*

Beweis: μ σ-additiv $\Rightarrow$ μ additiv, und auch μ σ-stetig von unten: $\mathcal{A} \ni$
$A_n \nearrow A \in \mathcal{A}$; bilde wieder disjunkte Verkleinerungen

$$B_1 := A_1, B_2 := A_2 \backslash A_1, B_3 := A_3 \backslash (A_1 \cup A_2), \ldots \in \mathcal{A}; \Rightarrow A_n = \bigcup_1^n B_k.$$

Damit folgt aus der σ-Additivität von μ

$$\mu(A_n) = \mu(\bigcup_1^n B_k) = \sum_1^n \mu(B_k) \nearrow \sum_1^\infty \mu(B_k) = \mu(A).$$

Umgekehrt sei μ additiv und σ-stetig von unten, und (A_n) in $\mathcal{A}$ disjunkte
Folge mit $A := \bigcup_1^\infty A_n \in \mathcal{A}$. Dann hat man bei $n \to \infty$

$$\mu(A) \quad \underset{\substack{\uparrow \\ \mu\ \sigma\text{-stetig v.u.}}}{\searrow} \quad \mu(\bigcup_1^n A_k) \quad \underset{\substack{= \\ \uparrow \\ \mu\ \text{additiv}}}{} \quad \sum_1^n \mu(A_k) \nearrow \sum_1^\infty \mu(A_k).$$

Sei nun $\mu(\Omega) < \infty$ und μ additiv. Dann gilt: μ σ-stetig v.u. $\Leftrightarrow$ μ
σ-stetig v.o., denn: $\Rightarrow$: $\mathcal{A} \ni A_n \searrow \emptyset \Rightarrow CA_n \nearrow \Omega \Rightarrow \mu(CA_n) \nearrow \mu(\Omega)$;

also hat man $\mu(A_n) = \mu(\Omega) - \mu(CA_n) \searrow \mu(\Omega) - \mu(\Omega) = 0$.
$\Leftarrow: \mathcal{A} \ni A_n \nearrow A \in \mathcal{A} \Rightarrow A \backslash A_n \searrow \emptyset \Rightarrow \mu(A \backslash A_n) = \mu(A) - \mu(A_n) \searrow 0$,
also $\mu(A_n) \nearrow \mu(A)$.

$\blacksquare$

Bemerkung: Ein triviales Beispiel für die Notwendigkeit der Endlichkeitsvoraussetzung (die wir in der Differenzbildung des Beweises benötigt haben) für die σ-Stetigkeit v.o. eines Maßes ist folgendes: $\Omega = [0,1]; \mathcal{A} = \mathbf{P}(\Omega)$;

$$\mu(A) := \left\{ \begin{matrix} 0, & A = \emptyset \\ \infty, & A \neq \emptyset \end{matrix} \right\} ; A_n :=]0, \tfrac{1}{n}].$$

Folgerung: Das in Beispiel **2** zu einer wachsenden, rechtsstetigen Funktion $g : I = [\alpha, \beta] \to \mathbf{R}$ definierte $\mu_g : \mathcal{B}_0 \to \mathbf{R}_+ : \mu_g(M) = \int_\alpha^\beta \chi_M \, dg$ ist σ-additiv.

Beweis: Für $\mathcal{B}_0 \ni A_n \searrow \emptyset$ ist z.z . $\mu_g(A_n) \searrow 0$. Zunächst gilt bei beliebigen $s, t : \alpha \leq s \leq t \leq \beta$ wegen Rechtsstetigkeit von g mit $n \to \infty$

$$\mu_g(]s + \frac{1}{n}, t]) = g(t) - g(s + \frac{1}{n}) \to g(t) - g(s) = \mu_g(]s, t]).$$

Da jedes A_n eine endliche disjunkte Vereinigung solcher $]s, t]$ und eventuell noch $\{\alpha\}$ ist, existiert also bei fixiertem $\varepsilon > 0$ zu jedem A_n ein $B_n \in \mathcal{B}_0$ mit (der Querstrich bezeichnet die abgeschlossene Hülle)

$$B_n \subset \overline{B}_n \subset A_n \text{ und } \mu_g(A_n \backslash B_n) \underset{\underset{\mu_g \text{ subtraktiv}}{\uparrow}}{=} \mu_g(A_n) - \mu_g(B_n) < \frac{\varepsilon}{2^n}.$$

Für $C_n := \bigcap_{k=1}^n B_k (\in \mathcal{B}_0)$ ist dann

$$C_n \subset \overline{C}_n \subset A_n \text{ und } A_n \backslash C_n \subset \bigcup_{k=1}^n (A_n \backslash B_k) \subset \bigcup_{k=1}^n (A_k \backslash B_k);$$

also gilt, da μ_g additiv und somit monoton und subadditiv ist,

$$\mu_g(A_n \backslash C_n) \leq \sum_{k=1}^n \mu_g(A_k \backslash B_k) < \varepsilon; \forall n \in \mathbf{N}.$$

Andererseits ist I kompakt und $\overline{C}_n \subset A_n \setminus \emptyset$, also schon $C_n = \emptyset$ für alle hinreichend großen n, also auch $\mu_g(A_n) < \varepsilon$ schließlich.

■

Ein entscheidender Schritt in der Konstruktion von Maßen auf σ-Algebren ist die Fortsetzung eines Maßes, das zunächst explizit auf einer Mengenalgebra $\mathcal{A}_0$ gegeben ist, auf die von $\mathcal{A}_0$ erzeugte σ-Algebra $\mathcal{A}$. Dies wird im folgenden Satz 3 allgemein erledigt und zum Schluß des Paragraphen auf das Beispiel der μ_g angewandt. Um dies eindeutig zu machen und späterhin Pathologien zu vermeiden, beschränken wir die zugelassene Unendlichkeit:

Definition: Sei $\mathcal{A}$ eine Mengenalgebra und $\mu : \mathcal{A} \to \overline{\mathbf{R}}_+$ ein Maß. Gibt es eine Folge (S_n) in $\mathcal{A}$ mit

$$S_n \nearrow \Omega \text{ und } \mu(S_n) < \infty,$$

so heißt μ *σ-endlich*.

Beispiel: **1** Jedes endliche Maß ist natürlich auch σ-endlich.

2 Für einen topologischen Raum Ω heißen die auf kompakten Mengen endlichen Maße auf der Borel-σ-Algebra $\mathcal{B}(\Omega)$ *Borelmaße auf Ω*. Diese sind also σ-endlich, wenn Ω σ-kompakt (= abzählbare Vereinigung von Kompakten) ist, insbesondere z.B. für $\Omega \subset \mathbf{K}^n$ offen oder abgeschlossen, oder für $\Omega \subset \mathbf{R}$ Intervall.

Satz 2(*Eindeutigkeitssatz*): *Seien $\mu, \mu' : \mathcal{A} \to \overline{\mathbf{R}}_+$ zwei σ-endliche Maße, die auf einem $\cap$- stabilen Erzeuger $\mathcal{E}$ von $\mathcal{A}$ übereinstimmen. Enthält $\mathcal{E}$ eine Folge $S_n \nearrow \Omega$ mit $\mu(S_n) < \infty$ & $\mu'(S_n) < \infty$, so gilt $\mu = \mu'$.*

Beweis: Auf Grund der Voraussetzung gilt

$$\mathcal{E} \subset \mathcal{D}_n \text{ für } \mathcal{D}_n := \{A \in \mathcal{A} : \mu(S_n \cap A) = \mu'(S_n \cap A)\}, \forall n \in \mathbf{N}.$$

Wegen σ-Stetigkeit v.u. (Satz 1) ist jedes $\mathcal{D}_n$ σ- stabil; wegen Subtraktivität von $\mu \& \mu'$ auch relativ komplementiert, wegen $S_n \in \mathcal{E}$ ist $\Omega \in \mathcal{D}_n$. Damit sind die D_n Dynkinsysteme und also nach dem Monotone-Klasse-Argument (§4) $\mathcal{D}_n = \mathcal{A}$, für alle n. Daraus folgt mit $n \to \infty$ die Behauptung wegen σ-Stetigkeit v.u..

■

Satz 3 *(Caratheodory-Fortsetzung):   Sei $\mathcal{A}_0$ eine Algebra und $\mu : \mathcal{A}_0 \to \overline{\mathbf{R}}_+$ ein σ-endliches Maß auf $\mathcal{A}_0$. Dann ist μ eindeutig fortsetzbar zu einem (natürlich weiterhin σ-endlichen) Maß $\tilde{\mu}$ auf die von $\mathcal{A}_0$ erzeugte σ-Algebra $\mathcal{A}$.*

Beweis: i) Die Eindeutigkeit folgt unmittelbar aus Satz 2.

ii) Existenz einer Maßfortsetzung im endlichen Falle ($\mu(\Omega) < \infty$): Hier kann man die (eindeutig bestimmte) Fortsetzung explizit angeben (*„Caratheodorys äußeres Maß"*)

$$(*) \qquad \tilde{\mu}(B) = \inf\{\sum_1^\infty \mu(A_n) : A_n \in \mathcal{A}_0 \text{ mit } \bigcup_1^\infty A_n \supset B\}, B \in \mathbf{P}(\Omega).$$

Denn: 1. $\tilde{\mu}|\mathcal{A}_0 = \mu$: für $A \in \mathcal{A}_0$ ist nach Definition $\tilde{\mu}(A) \leq \mu(A)$; andererseits hat man für eine beliebige, den Wert $\tilde{\mu}(A)$ gemäß (*) approximierende Folge (A_n) in $\mathcal{A}_0$ mit $\bigcup_1^\infty A_n \supset A$ wegen σ-Subadditivität und Monotonie von μ

$$\mu(A) \leq \sum_1^\infty \mu(A \cap A_n) \leq \sum_1^\infty \mu(A_n).$$

2. $\tilde{\mu}$ ist σ-additiv auf $\mathcal{A}$:Wir zeigen diese Teilaussage in fünf Schritten:

a) $\tilde{\mu}$ ist σ-subadditiv auf $\mathbf{P}(\Omega)$: Für eine beliebige Folge (B_n) in $\mathbf{P}(\Omega)$ und gegebenes $\varepsilon > 0$ wähle $(A_{n,k})_{k\in\mathbf{N}}$ in $\mathcal{A}_0$ gemäß (*) mit

$$B_n \subset \bigcup_{k=1}^\infty A_{n,k} \ \& \ \sum_{k=1}^\infty \mu(A_{n,k}) \leq \tilde{\mu}(B_n) + \frac{\varepsilon}{2^n}; n \in \mathbf{N}.$$

Dann ist also, wiederum nach (*),

$$\tilde{\mu}(\bigcup_1^\infty B_n) \leq \sum_{k,n\in\mathbf{N}} \mu(A_{n,k}) \leq \sum_{n\in\mathbf{N}} \tilde{\mu}(B_n) + \varepsilon.$$

b) $\tilde{\mathcal{A}} := \{A \subset \Omega : \tilde{\mu}(B) = \tilde{\mu}(B\cap A) + \tilde{\mu}(B\backslash A) \text{ für alle } B \subset \Omega\}$ ist eine Mengenalgebra auf Ω, nämlich: Nach Definition ist $\tilde{\mathcal{A}}$ komplementiert; z.z. für $A, A' \in \tilde{\mathcal{A}}$ ist $A \cup A' \in \tilde{\mathcal{A}}$. Zunächst ist bei beliebigem $C \subset \Omega$
$$\tilde{\mu}(C) = \tilde{\mu}(C \cap A) + \tilde{\mu}(C\backslash A) =$$
$$= \tilde{\mu}(C \cap A \cap A') + \tilde{\mu}((C \cap A)\backslash A') + \tilde{\mu}(C \cap CA \cap A') + \tilde{\mu}(C \cap CA \cap CA').$$

Speziell für $C := B \cap (A \cup A')$ bei beliebigem $B \subset \Omega$ ergibt dies

$$\tilde{\mu}(B \cap (A \cup A')) = \tilde{\mu}(B \cap A \cap A') + \tilde{\mu}((B \cap A)\backslash A') + \tilde{\mu}((B \cap A')\backslash A) + 0$$
$$= \tilde{\mu}(B \cap A) + \tilde{\mu}(B\backslash A) - \tilde{\mu}(B\backslash(A \cup A'))$$
$$= \tilde{\mu}(B) - \tilde{\mu}(B\backslash(A \cup A')).$$

also $A \cup A' \in \tilde{\mathcal{A}}$.

c) Bei beliebigem $B \subset \Omega$ ist $\tilde{\mu}(B \cap \cdot) : \tilde{\mathcal{A}} \to \mathbf{R}_+$ σ-additiv, denn: Nach a) σ-subadditiv; andererseits auch additiv (und also nach Bemerkung ii) am Anfang des Paragraphen σ-additiv), da bei disjunkten $A, A' \in \tilde{\mathcal{A}}$ gilt

$$\tilde{\mu}(B \cap (A \cup A')) = \tilde{\mu}(B \cap (A \cup A') \cap A) + \tilde{\mu}((B \cap (A \cup A'))\backslash A) =$$
$$= \tilde{\mu}(B \cap A) + \tilde{\mu}(B \cap A').$$

d) $\tilde{\mathcal{A}}$ ist σ-Algebra: Wegen b) genügt es z.z., daß $\bigcup_1^\infty A_n \in \tilde{\mathcal{A}}$ für jede disjunkte Folge (A_n) in $\tilde{\mathcal{A}}$. Wegen Subadditivität von $\tilde{\mu}$ bedeutet dies, daß gilt

$$\tilde{\mu}(B) \geq \tilde{\mu}(B \cap (\bigcup_1^\infty A_n)) + \tilde{\mu}(B\backslash(\bigcup_1^\infty A_n)), \quad \forall B \subset \Omega.$$

Aber für jedes $n \in \mathbf{N}$ ist wegen b) & c)

$$\tilde{\mu}(B\backslash(\bigcup_1^\infty A_k)) + \sum_{k=1}^n \tilde{\mu}(B \cap A_k) \leq \tilde{\mu}(B\backslash \bigcup_{k=1}^n A_k) + \sum_{k=1}^n \tilde{\mu}(B \cap A_k) = \tilde{\mu}(B);$$

andererseits gilt nach a)

$$\tilde{\mu}(B \cap (\bigcup_1^\infty A_k)) \leq \sum_1^\infty \tilde{\mu}(B \cap A_k).$$

Damit erhält man aus der vorigen Ungleichung mit $n \to \infty$ die Behauptung.

e) $\mathcal{A}_0 \subset \tilde{\mathcal{A}}$ (und daher nach d) auch $\mathcal{A} \subset \tilde{\mathcal{A}}$ und nach c) $\tilde{\mu}|\mathcal{A}$ σ-additiv): Für $A \in \mathcal{A}_0$ ist also (wegen Subadditivität von $\tilde{\mu}$) nur noch z.z.

$$\tilde{\mu}(B) \geq \tilde{\mu}(B \cap A) + \tilde{\mu}(B\backslash A), \quad \forall B \subset \Omega.$$

Für jede den Wert $\tilde{\mu}(B)$ gemäß (*) approximierende Folge (A_n) in $\mathcal{A}_0$ mit $\bigcup_1^\infty A_n \supset B$ ist aber wegen $A \cap A_n \in \mathcal{A}_0$ und $\bigcup_1^\infty (A \cap A_n) \supset A \cap B$ (und analog für CA)

$$\sum_1^\infty \mu(A_n) = \sum_1^\infty \mu(A_n \cap A) + \sum_1^\infty \mu(A_n \backslash A) \geq \tilde{\mu}(B \cap A) + \tilde{\mu}(B \backslash A).$$

iii) Existenz einer Maßfortsetzung im σ-endlichen Fall: sei wieder (S_n) in $\mathcal{A}_0$ mit $S_n \nearrow \Omega$ & $\mu(S_n) < \infty$ fest gewählt. Nach i) und ii) existiert für jedes $n \in \mathbf{N}$ eine eindeutig bestimmte Maßfortsetzung $\tilde{\mu}_n$ auf $\mathcal{A}$ von $\mu_n : \mathcal{A}_0 \to \mathbf{R}_+ : \mu_n(A) = \mu(S_n \cap A)$. Die Eindeutigkeit impliziert

$$\tilde{\mu}_n(S_n \cap A) = \tilde{\mu}_{n+1}(S_n \cap A) \leq \tilde{\mu}_{n+1}(S_{n+1} \cap A); \forall n \in \mathbf{N}, \forall A \in \mathcal{A}.$$

Wir setzen daher

$$\tilde{\mu} : \mathcal{A} \to \overline{\mathbf{R}}_+ : \tilde{\mu}(A) = \sup_n \tilde{\mu}_n(S_n \cap A),$$

und haben sofort $\tilde{\mu}(A) = \mu(A)$ für jedes $A \in \mathcal{A}_0$ (da μ σ-stetig v.u. ist). Schließlich ist $\tilde{\mu}$ σ-additiv, da für eine beliebige disjunkte Folge (A_k) in $\mathcal{A}$ gilt (mit $n \to \infty$)

$$\tilde{\mu}(\bigcup_{k=1}^\infty A_k) \nwarrow \tilde{\mu}_n(S_n \cap (\bigcup_{k=1}^\infty A_k)) = \sum_{k=1}^\infty \tilde{\mu}_n(S_n \cap A_k)$$

$$= \sup_m \sum_{k=1}^m \tilde{\mu}_n(S_n \cap A_k) \nearrow \sup_m \sum_{k=1}^m \tilde{\mu}(A_k) = \sum_{k=1}^\infty \tilde{\mu}(A_k).$$

∎

Als Anwendung greifen wir das Beispiel **2** vom Anfang dieses Paragraphen nochmals auf, betrachten also das zu einer rechtsstetigen, wachsenden Funktion $g : [\alpha, \beta] \to \mathbf{R}$ nach der Folgerung von Satz 1 gehörige Maß

$$\mu_g : \mathcal{B}_0 \to \mathbf{R}_+ : \mu_g(M) = \int_\alpha^\beta \chi_M \, dg.$$

Wir bezeichnen seine eindeutig bestimmte Maßfortsetzung auf die Borel-sche σ-Algebra $\mathcal{B}(= \mathcal{A}(\mathcal{B}_0))$ gemäß Satz 2 weiterhin mit μ_g. Da auch die Gesamtheit der Intervalle $[\alpha, t], \alpha \leq t \leq \beta$, einen $\cap$-stabilen Erzeuger von $\mathcal{B}$ bildet, ist nach dem Eindeutigkeitssatz (Satz 2) μ_g das eindeutig bestimmte Borelmaß auf $[\alpha, \beta]$ mit

$$\mu_g([\alpha, t]) = g(t) - g(\alpha); \alpha \leq t \leq \beta.$$

Durch „kompakte Ausschöpfung" verallgemeinert sich dieses Ergebnis auf beliebige n.a. Intervalle:

Satz 4: *Sei $I \subset \mathbf{R}$ ein beliebiges n.a. Intervall und $g : I \to \mathbf{R}$ wachsend und rechtsstetig. Dann gibt es genau ein Borelmaß μ_g auf I mit*

$$\mu_g(]s, t]) = g(t) - g(s) \quad \text{für } s \leq t \in I$$

sowie $\mu_g(\{\alpha\}) = 0$, falls der linke Endpunkt $\alpha := \inf I$ zu I gehört. Auf diese Weise erhält man alle Borelmaße μ auf I (mit $\mu(\{\alpha\}) = 0$, falls $\alpha \in I$).

Beweis: Für $I = [\alpha, \beta]$ kompakt wurde die eindeutige Existenz von μ_g gerade gezeigt; beachte hierzu, daß man wegen Additivität die Äquivalenz hat

$$(\mu_g([\alpha, t]) = g(t) - g(\alpha), \forall t \in [\alpha, \beta]) \Leftrightarrow (\mu_g(]s, t]) =$$

$$g(t) - g(s), \forall s, t : \alpha \leq s \leq t \leq \beta \& \mu_g(\{\alpha\}) = 0).$$

Im allgemeinen Fall wähle $\alpha_n < \beta_n$ in $\mathbf{R}$ so, daß $[\alpha_n, \beta_n] \nearrow I$, wobei im Falle $\alpha := \inf I \in I$ schon o.E. $\alpha_n = \alpha$, für alle $n \in \mathbf{N}$, genommen sei. Seien ferner $\mu_n := \mu_{g|[\alpha_n, \beta_n]}$ die nach dem bisher gezeigten eindeutig bestimmten Maße auf $[\alpha_n, \beta_n]$. Setzen wir noch

$$I_n := [\alpha, \beta_n], \text{ falls } \alpha \in I, \text{ und } I_n :=]\alpha_n, \beta_n], \text{ falls } \alpha \notin I,$$

so folgt wieder aus dem Eindeutigkeitssatz, daß für jedes $n \in \mathbf{N}$

$$\mu_n(I_n \cap A) = \mu_{n+1}(I_n \cap A) \leq \mu_{n+1}(I_{n+1} \cap A)$$

für alle $A \in \mathcal{B}(I)$ gilt. Wie im Beweis (Teil iii)) des Caratheodory'schen Fortsetzungssatzes folgt nun leicht, daß

$$\mu_g : \mathcal{B}(I) \to \overline{\mathbf{R}}_+; \mu_g(A) := \sup_n \mu_n(I_n \cap A)$$

ein Maß ist. Nach Konstruktion gilt hierfür

$$\mu_g(]s,t]) = g(t) - g(s) \text{ für } s \leq t \text{ in } I$$

sowie $\mu_g(\{\alpha\}) = 0$, falls $\alpha \in I$ ist.
Ist schließlich umgekehrt μ ein beliebiges Borelmaß auf I, mit $\mu(\{\alpha\}) = 0$, falls $\alpha \in I$, so ist bei beliebigem $t_0 \in I$

$$g : I \to \mathbf{R} : g(t) = \begin{cases} \mu(]t_0,t]) & \text{für } t \geq t_0 \\ -\mu(]t,t_0]) & \text{für } t < t_0 \end{cases}$$

wachsend und, da μ σ-stetig und auf kompakten Teilen von I (als Borelmaß!) endlich ist, auch rechtsstetig. Wegen Additivität gilt

$$\mu(]s,t]) = g(t) - g(s); s \leq t \in I,$$

und $\mu = \mu_g$ folgt aus der Eindeutigkeit von μ_g.

$\blacksquare$

Bemerkung: g ist offenbar durch μ_g bis auf eine additive Konstante bestimmt. Bei endlichem μ (insbesondere bei *Wahrscheinlichkeitsmaßen* auf $\mathbf{R}$, wo $\mu(\mathbf{R}) = 1$ ist) normiert man gern so,daß $\inf g(I) = 0$ ist, nimmt also $g(t) := \mu(I\cap] - \infty,t]), t \in I$. Dieses g heißt auch die *Verteilungsfunktion* von μ.

Beispiel: 1 Das zu $g(t) = t$ gehörige Borelmaß μ_g auf I heißt das eindimensionale *Lebesgue-Maß* auf I.

2 Das Dirac-Maß δ_a auf I zu einem inneren Punkt a von I hat die Verteilungsfunktion

$$g(t) = \begin{cases} 0 & \text{für } t < a \\ 1 & \text{für } t \geq a. \end{cases}$$

3 Viele wichtige Verteilungsfunktionen der Wahrscheinlichkeitstheorie sind entweder *diskret*, d.h. von der Form

$$g(t) = \sum_{k \in \mathbf{Z} : k \leq t} \alpha_k \text{ für eine Folge } (\alpha_k) \text{ in } \mathbf{R}_+ \text{ mit } \sum_{k=-\infty}^{\infty} a_k = 1,$$

oder *kontinuierlich*, d.h.

$$g(t) = \int\limits_{-\infty}^{t} f(x)\,dx$$

für eine stetige Funktion $f : \mathbf{R} \to \mathbf{R}_+$ mit $\int_{-\infty}^{\infty} f(x)\,dx = 1$.

Schlußbemerkung: Unsere Auszeichnung *rechts*stetiger Verteilungsfunktionen ist natürlich willkürlich. Ihr entspricht die Bevorzugung rechts-abgeschlossener, links-offener Intervalle $]s, t]$ und die Sonderrolle des linken Endpunktes $\alpha = \inf I$ in Satz 4; ebenso übrigens allgemein der Wert von μ_g auf den „*Atomen*" $\{t\} \in \mathcal{B}(I)$ für $\inf I < t \in I$:

$$\mu_g(\{t\}) = \lim_{n \to \infty} \mu_g(]t - \frac{1}{n}, t]) = g(t) - g(t-)$$

(die 1. Gleichung folgt aus der σ-Stetigkeit v.u.).

§ 7. Integrale.

Ziel dieses Paragraphen ist die sinnvolle Definition von $\int f d\mu$ für ein Maß $\mu : \mathcal{A} \to \overline{\mathbf{R}}_+$ auf einer σ-Algebra über Ω und geeignete Funktionen $f : \Omega \to \mathbf{R}$. „Sinnvoll" heißt insbesondere, daß die bisher entwickelte Riemannsche Integrationstheorie sich in dem Sinne einordnet, daß zumindest im dort betrachteten Falle einer auf einem kompakten Intervall $I = [\alpha, \beta]$ definierten monoton wachsenden, rechtsstetigen Funktion $g : I \to \mathbf{R}$ das für stetige $f : I \to \mathbf{R}$ existierende Riemannsche Integral $\int_\alpha^\beta f \, dg$ mit dem jetzt zu definierenden $\int f \, d\mu_g$ übereinstimmt.

Stellt man außerdem die naheliegenden Forderungen, daß $\int f \, d\mu$ linear von f abhängt und für $f = \chi_A, A \in \mathcal{A}$, den Wert $\int \chi_A d\mu := \mu(A)$ haben soll, so ist $\int f \, d\mu$ schon für $\mathcal{A}$-Stufenfunktionen festgelegt. Der Schritt von dort zu allgemeineren $\mathcal{A}$-meßbaren Funktionen f erfolgt dann durch Stetigkeitsforderungen bei Approximation von f durch $\mathcal{A}$-Stufenfunktionen gemäß § 5. Entsprechend der σ-Stetigkeit v.u. für Maße und der Approximierbarkeit nicht-negativer meßbarer Funktionen durch wachsende Folgen von Stufenfunktionen konzentrieren wir uns zunächst auf $\mathcal{A}$-meßbare $f : \Omega \to \overline{\mathbf{R}}_+$. Natürlich verwenden wir weiterhin die in § 1 zusammengestellten Rechenregeln in $\overline{\mathbf{R}}$.

Definition: Sei $(\Omega; \mathcal{A}; \mu)$ ein beliebiger Maßraum und $f : \Omega \to \overline{\mathbf{R}}_+$ $\mathcal{A}$-meßbar. Wir definieren $\int f \, d\mu \in \overline{\mathbf{R}}_+$ folgendermaßen:

a) Ist $f : \Omega \to \mathbf{R}_+$ sogar $\mathcal{A}$-Stufenfunktion (also $\mathcal{A}$-meßbar mit endlichem Wertebereich $f(\Omega) \subset \mathbf{R}_+$), so setze

$$\int f \, d\mu := \sum_{t \in \mathbf{R}} t\mu(\{f = t\}).$$

b) Im allgemeinen Falle wähle eine Folge $0 \leq f_n \nearrow f$ von $\mathcal{A}$-Stufenfunktionen $f_n : \Omega \to \mathbf{R}_+$ gemäß § 5 Satz 1 und setze

$$\int f \, d\mu = \sup_n \int f_n d\mu = \lim_{n \to \infty} \int f_n d\mu \ (\text{ in } \overline{\mathbf{R}}+).$$

Bemerkung: Das folgende Lemma zeigt, daß diese Festlegung von der Wahl der f approximierenden Folge (f_n) nicht abhängt. Beachte auch, daß die Konventionen in $\overline{\mathbf{R}}_+$ mit Konvergenz in $\overline{\mathbf{R}}_+$ verträglich sind:

$$(\alpha_n \to \alpha \& \beta_n \to \beta \text{ in } \overline{\mathbf{R}}_+) \Rightarrow \alpha_n + \beta_n \to \alpha + \beta \ \& \ \lambda\alpha_n \to \lambda\alpha$$

für jedes $\lambda \in \mathbf{R}_+$.

Lemma: *Sei $(\Omega; \mathcal{A}; \mu)$ ein Maßraum.*

i) $f, g : \Omega \to \mathbf{R}_+$ $\mathcal{A}$-Stufenfunktionen $\Rightarrow \int (f+g)d\mu = \int f\,d\mu + \int g\,d\mu$ und $\int \alpha f d\mu = \alpha \int f\,d\mu$ für $\alpha \in \mathbf{R}_+$; ist $f \leq g$, so $\int f\,d\mu \leq \int g\,d\mu$.

ii) Ist (f_n) eine fallende Folge von $\mathcal{A}$-Stufenfunktionen mit $f_n \searrow 0$ und $\int f_n d\mu < \infty$ (schließlich), so auch $\int f_n d\mu \searrow 0$.

iii) Gilt für zwei Folgen von $\mathcal{A}$-Stufenfunktionen

$$0 \leq f_n \nearrow f \,\&\, 0 \leq g_n \nearrow f, \text{ so } \sup_n \int f_n d\mu = \sup_n \int g_n d\mu.$$

Beweis: i) Homogenität $\int \alpha f\,d\mu = \alpha \int f\,d\mu$ und Monotonie sind evident. Additivität:

$$\int (f+g)d\mu = \sum_{s,t \in \mathbf{R}_+} (s+t)\mu(\{f = s \,\&\, g = t\})$$

$$= \sum_{s \in \mathbf{R}_+} \left(s \cdot \sum_{t \in \mathbf{R}_+} \mu(\{f = s \,\&\, g = t\})\right) + \sum_{t \in \mathbf{R}_+} \left(t \cdot \sum_{s \in \mathbf{R}_+} \mu(\{f = s \,\&\, g = t\})\right)$$

$$= \sum_{s \in \mathbf{R}_+} s \cdot \mu(\{f = s\}) + \sum_{t \in \mathbf{R}_+} t\mu(\{g = t\}) = \int f\,d\mu + \int g\,d\mu.$$

Dabei wurde in der 1. und 3. Gleichheit die Additivität von μ benutzt.

ii) Wegen Monotonie ist im Falle $\int f_1 d\mu = 0$ nichts z.z.; daher o.E. $0 < \int f_1 d\mu < \infty$. Setze $A := \{f_1 > 0\} \in \mathcal{A}$. Zunächst gilt $\min f_1(A) \cdot \chi_A \leq f_1$ und also $\mu(A) \cdot \min f_1(A) \leq \int f_1 d\mu$, somit $\mu(A) < \infty$. Bei beliebigem $\varepsilon > 0$ genügt es also z.z., daß gilt

$$\int f_n d\mu \leq 2\varepsilon\mu(A) \text{ schließlich .}$$

Wegen $f_n \searrow 0$ hat man für die $A_n := \{f_n \geq \varepsilon\} \in \mathcal{A}$

$$A \supset A_n \searrow \emptyset, \text{ also } \mu(A_n) \searrow 0$$

(wegen σ-Stetigkeit v.o.). Andererseits gilt

$$f_n \leq (\max f_1(\Omega)) \cdot \chi_{A_n} + \varepsilon\chi_{(A \setminus A_n)},$$

also

$$\int f_n d\mu \leq (\max f_1(\Omega))\mu(A_n) + \varepsilon\mu(A),$$

also die Behauptung für $n \to \infty$.

iii) Aus Symmetriegründen genügt es, bei festem $k \in \mathbf{N}$ z.z., daß $\int f_k d\mu \leq \sup_n \int g_n d\mu$. Hierzu betrachte die neue wachsende Folge von meßbaren Funktionen, ebenfalls mit endlichem Wertebereich und somit $\mathcal{A}$-Stufenfunktionen, definiert durch

$$h_n : \Omega \to \mathbf{R}_+ : h_n(x) = \min\{f_k(x), g_n(x)\}.$$

Wegen $f_k \leq f \& g_n \nearrow f$ gilt $h_n \nearrow f_k$, also $f_k \geq f_k - h_n \searrow 0$. Ist nun $\int f_k d\mu < \infty$, so folgt aus ii) $\int f_k d\mu - \int h_n d\mu \searrow 0$ mit $n \to \infty$, also

$$\int f_k d\mu = \sup_n \int h_n d\mu \leq \sup_n \int g_n d\mu.$$

Ist dagegen $\int f_k d\mu = \infty$, so gilt auch $\int g_n d\mu \nearrow \infty$, denn mit

$$A := \{f_k > 0\}; \quad \alpha := \min f_k(A), \quad \beta := \max f_k(A)$$

ist einerseits $\beta\mu(A) \geq \int f_k d\mu = \infty$, also $\mu(A) = \infty$; andererseits

$$\int g_n d\mu \geq \frac{\alpha}{2}\mu(\{g_n \geq \frac{\alpha}{2}\} \cap A) \nearrow \frac{\alpha}{2}\mu(A)$$

wegen σ-Stetigkeit v.u. und $\{g_n > \frac{\alpha}{2}\} \cap A \nearrow A$.

$\blacksquare$

Wir vervollständigen nun die Integraldefinition, zunächst:

Definition: Sei $(\Omega; \mathcal{A}; \mu)$ ein Maßraum; $f : \Omega \to \mathbf{C}$ heißt *Lebesgue-μ-integrierbar* (kurz: μ-integrierbar), wenn f $\mathcal{A}$-meßbar ist und $\int |f| d\mu < \infty$.

Bemerkung: i) Man beachte, daß mit f auch $|f|$ sowie $\operatorname{Re} f$, $\operatorname{Im} f$ meßbar sind. Wegen $|\operatorname{Re} f|, |\operatorname{Im} f| \leq |f| \leq |\operatorname{Re} f| + |\operatorname{Im} f|$ ist f μ-integrierbar $\Leftrightarrow \operatorname{Re} f$ und $\operatorname{Im} f$ sind μ-integrierbar.

ii) Für eine Funktion $f : \Omega \to \mathbf{R}$ bezeichnet wieder

$$f_{\pm} : \Omega \to \mathbf{R}_+ : f_+ = \max(f, 0); f_- = \max(-f, 0)$$

den *Positivteil* bzw. *Negativteil* von f. Offenbar gilt

a) $f = f_+ - f_-; |f| = f_+ + f_-; f_+ \cdot f_- = 0; f_- = (-f)_+$
b) f meßbar $\Leftrightarrow f_+$ und f_- meßbar
c) f μ-integrierbar $\Leftrightarrow f_+$ und f_- μ- integrierbar.

Definition: Sei $(\Omega; \mathcal{A}; \mu)$ ein Maßraum und $f : \Omega \to \mathbf{C}$ μ-integrierbar. Dann heißt

$$\int f \, d\mu := \int (\operatorname{Re} f) d\mu + i \int (\operatorname{Im} f) d\mu :=$$

$$= \int (\operatorname{Re} f)_+ d\mu - \int (\operatorname{Re} f)_- d\mu + i\left(\int (\operatorname{Im} f)_+ d\mu - \int (\operatorname{Im} f)_- d\mu \right)$$

das *Lebesgue-μ-Integral von f*, und hiermit

$$\int_A f \, d\mu := \int (\chi_A \cdot f) d\mu; \quad A \in \mathcal{A}$$

das *μ-Integral von f über A*.

Bemerkung: Die Integrierbarkeitsvoraussetzung impliziert also die Endlichkeit aller Integrale der nicht-negativen Teile $(\operatorname{Re} f)_{\pm}$, $(\operatorname{Im} f)_{\pm}$ von f, so daß $\int f \, d\mu$ eine wohlbestimmte komplexe Zahl ist. Ebenso ist mit f auch $\chi_A \cdot f$ μ-integrierbar, also auch $\int_A f \, d\mu$ wohldefiniert.

Satz 1 *(Linearität und Monotonie des Integrals)*: Sei $(\Omega; \mathcal{A}; \mu)$ ein Maßraum.

i) Für $\mathcal{A}$-meßbare Funktionen $f, g : \Omega \to \overline{\mathbf{R}}_+$ gilt

$$\int (f + g) d\mu = \int f \, d\mu + \int g \, d\mu$$

$$\int (\alpha f) d\mu = \alpha \cdot \int f \, d\mu \; ; \quad \alpha \in \mathbf{R}_+$$

$$f \leq g \Rightarrow \int f \, d\mu \leq \int g \, d\mu.$$

ii) Für μ-integrierbare $f, g : \Omega \to \mathbf{C}$ und beliebige $\alpha, \beta \in \mathbf{C}$ ist auch $\alpha f + \beta g$ μ-integrierbar und

$$\int (\alpha f + \beta g) d\mu = \alpha \cdot \int f\, d\mu + \beta \cdot \int g\, d\mu.$$

iii) Für μ-integrierbare $f, g : \Omega \to \mathbf{R}$ mit $f \leq g$ gilt $\int f\, d\mu \leq \int g\, d\mu$. Insbesondere hat man für jede meßbare Funktion $f : \Omega \to \mathbf{C}$ die Tschebyscheff'sche Ungleichung

$$\alpha \cdot \mu(\{|f| \geq \alpha\}) \leq \int |f| d\mu; \ \ \alpha \in \mathbf{R}.$$

iv) Für μ-integrierbares $f : \Omega \to \mathbf{C}$ gilt die „*Dreiecksungleichung*"

$$\boxed{\ |\int f\, d\mu| \leq \int |f| d\mu\ } \ .$$

Beweis: i) Diese Eigenschaften des Integrals übertragen sich sofort aus Lemma i) bei Approximation durch Stufenfunktionen.

ii) Die Integrierbarkeitsaussage folgt aus der entsprechenden Meßbarkeitsaussage (§ 5 Satz 2) und der trivialen Abschätzung

$$|\alpha f + \beta g| \leq |\alpha||f| + |\beta||g|$$

mit Aussage i). Die komplexe Linearität des Integrals ergibt sich leicht aus dem reellen Fall, und auch hier ist nur die Additivität $\int (f + g) d\mu = \int f\, d\mu + \int g\, d\mu$ nicht ganz evident. Wir setzen also schon f und g reellwertig voraus und haben

$$u := (f + g)_+ \leq f_+ + g_+ =: u'$$
$$v := (f + g)_- \leq f_- + g_- =: v'$$

$$f + g = u - v = u' - v', \overset{\text{i)}}{\Rightarrow} \int u\, d\mu + \int v'\, d\mu = \int u'\, d\mu + \int v\, d\mu.$$

Also ergibt sich, da alle Integrale endliche Werte haben (so daß Differenzen gebildet werden dürfen!)

$$\int (f + g) d\mu := \int u\, d\mu - \int v\, d\mu = \int u'\, d\mu - \int v'\, d\mu =$$

$$= \int f_+ d\mu + \int g_+ d\mu - \int f_- d\mu - \int g_- d\mu = \int f\, d\mu + \int g\, d\mu.$$

iii) $f \leq g \Rightarrow f_+ \leq g_+ \,\&\, f_- \geq g_- \Rightarrow \int f\, d\mu = \int f_+ d\mu - \int f_- d\mu \leq \int g\, d\mu$. Die Tschebyscheff'sche Ungleichung ergibt sich durch Anwendung von iii) auf

$$\alpha \chi_{\{|f| \geq \alpha\}} \leq |f|.$$

iv) Sei o.E. $\int f\, d\mu \neq 0$. Dann ist für $\alpha := \dfrac{|\int f\, d\mu|}{\int f\, d\mu} \in \mathbf{C}$ also $|\alpha| = 1$ und

$$\left| \int f\, d\mu \right| = \alpha \int f\, d\mu \overset{\text{ii)}}{=} \int (\alpha f)\, d\mu$$

$$= \mathrm{Re} \int (\alpha f)\, d\mu = \int \mathrm{Re}(\alpha f)\, d\mu \leq \int |f|\, d\mu;$$

hierbei wurde in der 3. Gleichheit benutzt, daß, auf Grund der 1. und 2., $\int (\alpha f)\, d\mu$ reell ist, und in der letzten Ungleichung, daß gilt $\mathrm{Re}\ \alpha f \leq |\alpha f| = |f|$. ∎

Der folgende Satz macht eine einfache Aussage über die Konsistenz von Riemann-Integralen $\int_\alpha^\beta f\, dg$ und den entsprechenden Lebesgue-Integralen $\int f\, d\mu_g$. Wir betrachten hier nur beschränkte meßbare Funktionen f, bemerken aber, daß diese beiden Voraussetzungen mehr oder weniger entbehrlich sind, da

1. bei streng wachsendem g (etwa $g(x) = x$) die Beschränktheit von f offensichtlich schon aus der Endlichkeit der Riemann'schen Unter- und Obersummen folgt,

2. eine für die μ_g-Integrierbarkeit ausreichende abgeschwächte Meßbarkeit („μ_g-Meßbarkeit", vgl. § 9) schon aus der Konvergenz der Riemann'schen Unter- und Obersummen gegen einen gemeinsamen Wert folgt.

Satz 2 *(Konsistenz von Riemann- und Lebesgue-Integral): Sei $I = [\alpha, \beta]$ ein n.a. kompaktes Intervall und $f : I \to \mathbf{R}$ beschränkt und meßbar. Sei ferner $g : I \to \mathbf{R}$ eine monoton wachsende, rechtsstetige Funktion mit μ_g dem hierzu definierten Borelmaß auf I (§ 6). Ist f Riemann-g-integrierbar, so gilt*

$$\boxed{\int_\alpha^\beta f\, dg = \int f\, d\mu_g}.$$

Beweis: Wir betrachten für jedes $n \in \mathbf{N}$ die Zerlegung von $[\alpha, \beta]$

$$Z_n = (t_0, t_1, \ldots, t_{2^n}) \text{ mit } t_k := \alpha + \frac{k}{2^n}(\beta - \alpha); k = 0, 1, \ldots, 2^n.$$

Mit den zugehörigen Teilintervallen

$$I_1^n := [t_o, t_1]; I_k^n :=]t_{k-1}, t_k]; \quad k = 2, 3, \ldots, 2^n$$

bilden wir die Stufenfunktionen (mit den abgeschlossenen Intervallen $\overline{I_k^n}$)

$$g_n := \sum_{k=1}^{2^n} (\inf f(\overline{I_k^n})) \chi_{I_k^n}, \quad h_n := \sum_{k=1}^{2^n} (\sup f(\overline{I_k^n})) \chi_{I_k^n}; n \in \mathbf{N}.$$

Aus $\mu_g([\alpha, t]) = g(t) - g(\alpha)$ erhält man als μ_g-Integrale hiervon gerade die Riemann'schen Unter-und Obersummen:

$$\int g_n \mu_g = \sum_{Z_n} f \, dg; \int h_n d\mu_g = \overline{\sum_{Z_n}} f \, dg.$$

Mit $n \to \infty$ konvergieren andererseits die g_n wachsend gegen eine Grenzfunktion f_*, die h_n fallend gegen eine Grenzfunfktion f^*, wobei natürlich $f_* \le f \le f^*$ gilt. Hieraus folgt

$$\int g_n d\mu_g \nearrow \int f_* d\mu_g \le \int f \, d\mu_g \le \int f^* d\mu_g \swarrow \int h_n d\mu_g$$

(und damit die Behauptung, da wegen der vorausgesetzten Riemann-g-Integrierbarkeit auch

$$\underline{\sum_{Z_n}} f \, dg \nearrow \int_\alpha^\beta f \, dg \swarrow \overline{\sum_{Z_n}} f \, dg$$

gilt), denn: die beiden mittleren Ungleichungen folgen aus der Monotonie des Integrals; die wachsende Konvergenz links gilt nach Definition des Integrals, angewandt auf die nicht-negative Folge (mit $c := \sup |f(I)|$)

$$0 \le g_n + c \nearrow f_* + c, \Rightarrow \int g_n d\mu_g + c\mu_g(I) \nearrow \int f_* d\mu_g + c\mu_g(I);$$

die fallende Konvergenz rechts wird auf den wachsenden Fall reduziert durch Übergang zu $c - h_n$.

$\blacksquare$

Bemerkung: Die Voraussetzungen des Satzes sind natürlich insbesondere für stetige f erfüllt: hier stimmt also das Lebesgue-Integral $\int f \, d\mu_g$ mit dem Riemann-Integral $\int_\alpha^\beta f \, dg$ überein, und dieses (gemäß § 1) auch mit dem Stieltjes-Integral $\int_\alpha^\beta f \, dg$.

Dagegen wäre ein zu Satz 2 analoger Satz für das (allgemeinere!) Stieltjes-Integral falsch, wie das schon in § 1 behandelte Beispiel $f = \chi_{\{t\}}$ für $\alpha < t < \beta$ zeigt: f ist g-Stieltjes- integrierbar mit $\int_\alpha^\beta f \, dg = g(t+) - g(t) = 0$ und natürlich auch μ_g-integrierbar, aber mit $\int f \, d\mu_g = \mu_g(\{t\}) = g(t) - g(t-)$, was > 0 sein kann. In diesem Falle kann also f auch nicht Riemann-g- integrierbar sein.

Es ist nicht schwer, genau zu analysieren, um wieviel allgemeiner das Lebesgue-Integral gegenüber dem Riemann-Integral ist (vgl. Floret [3] S. 105 -107). Der Grund für diese größere Allgemeinheit liegt darin, daß man die in den approximierenden Zerlegungssummen $\sum_Z f \, dg$ des Riemann-Integrals allein benutzten Intervall-Partitionen der Grundmenge $[\alpha, \beta]$ (die I_k^n des vorigen Beweises) in der Lebesgue'schen Theorie durch beliebige Borel-Partitionen ersetzt (die Konstanzmengen approximierender Stufenfunktionen). Das folgende einfache Beispiel belegt dies nochmals in krasser Weise: $I = [0, 1]; g(t) = t; f(t) = \chi_{[0,1] \cap \mathbf{Q}}(t)$. Da das Lebesgue-Maß μ_g auf den Atomen $\{t\}$ verschwindet (§ 6 Ende), ist wegen σ-Additivität auch $\mu_g([0, 1] \cap \mathbf{Q}) = 0$, d.h. die (Stufen-)Funktion f hat das Lebesgue-Integral $\int f \, d\mu_g = 0$. Da andererseits jedes n.a. Teilintervall von $[0, 1]$ sowohl rationale als auch irrationale Punkte enthält, hat jede Untersumme den Wert 0 und jede Obersumme den Wert 1, so daß f nicht Riemann-g-integrierbar ist.

§ 8. Grenzwertsätze für Integrale.

Die Grenzwertsätze, vor allem der Satz von Beppo Levi über monotone Konvergenz und der hieraus abgeleitete Satz von Lebesgue über majorierte Konvergenz, bilden den eigentlichen Kern der Lebesgue'schen Integrationstheorie. Sie machen die Handhabung dieses Integrals viel einfacher als die des Riemann- Integrals. Beispiele von grundsätzlichem Interesse für die bequeme Argumentation mit diesen Sätzen sind im nächsten Paragraphen zusammengestellt.

Zunächst übertragen wir die σ-Stetigkeit v.u. von Maßen auf Integrale:

Satz 1 *(von Beppo Levi über monotone Konvergenz): Sei $(\Omega; \mathcal{A}; \mu)$ ein Maßraum und $0 \leq f_n \nearrow f$ eine wachsende Folge von $\mathcal{A}$-meßbaren Funktionen $f_n : \Omega \to \overline{\mathbf{R}}_+$. Dann ist (§ 5 Satz 1) auch f meßbar, und $\int f_n d\mu \nearrow \int f \, d\mu$.*

Beweis: Entsprechend der Definition des Integrals wähle für jedes $n \in \mathbf{N}$ eine approximierende Folge von $\mathcal{A}$-Stufenfunktionen $(f_{n,k})_{k \in \mathbf{N}}$ mit $f_{n,k} \nearrow f_n$ für $k \to \infty$, und bilde damit die $\mathcal{A}$-Stufenfunktionen $g_n := \sup\{f_{\ell,k} : 1 \leq k, \ell \leq n\}$ (punktweises Supremum). Hierfür hat man dann

$$0 \leq g_n \leq f_n; g_n \nearrow \sup_n g_n = \sup_{k,\ell} f_{\ell,k} = \sup_n f_n = f$$

und somit $\int g_n d\mu \nearrow \int f \, d\mu$, also auch $\int f_n d\mu \nearrow \int f \, d\mu$ wegen Monotonie des Integrals. ∎

Korollar *(Fatou): Sei $(\Omega; \mathcal{A}; \mu)$ ein Maßraum und $(f_n)_{n \in \mathbf{N}}$ eine beliebige Folge $\mathcal{A}$-meßbarer Funktionen $f_n : \Omega \to \overline{\mathbf{R}}_+$. Dann gilt*

i) $\qquad \int(\liminf_{n \to \infty} f_n) d\mu \leq \liminf_{n \to \infty} \int f_n d\mu \qquad (\in \overline{\mathbf{R}}_+)$.

ii) Ist $f_n \leq h$ (schließlich) für eine $\mathcal{A}$-meßbare Funktion $h : \Omega \to \overline{\mathbf{R}}_+$ mit $\int h \, d\mu < \infty$, so gilt auch

$$\limsup_{n \to \infty} \int f_n d\mu \leq \int (\limsup_{n \to \infty} f_n) d\mu \qquad (\in \mathbf{R}_+).$$

Beweis: i) Mit $g_n := \inf_{k \geq n} f_k$ gilt $g_n \nearrow \liminf_{n \to \infty} f_n$ und also nach B. Levi $\int g_n d\mu \nearrow \int(\liminf_{n \to \infty} f_n) d\mu$. Andererseits ist $g_n \leq f_k$ für $k \geq n$ und also

$$\int g_n d\mu \leq \inf_{k \geq n} \int f_k d\mu \nearrow \liminf_{n \to \infty} \int f_n d\mu.$$

ii) Diese Aussage reduziert sich (vgl. aber folgende Bemerkung ii))
auf i) für $(h - f_n)_{n \in \mathbb{N}}$:

$$\int h \, d\mu - \limsup_{n \to \infty} \int f_n d\mu = \liminf_{n \to \infty} \int (h - f_n) d\mu \geq \int \liminf_{n \to \infty} (h - f_n) d\mu$$

$$= \int h \, d\mu - \int (\limsup_{n \to \infty} f_n) d\mu.$$

■

Bemerkung: i) Die Notwendigkeit der Majorierungsvoraussetzung in
Aussage ii) zeigt schon die Anwendung auf $f_n := \chi_{A_n}$ für eine Folge (A_n)
in $\mathcal{A}$ mit $A_n \searrow \emptyset$, aber $\mu(A_n) = \infty$: Hier ist $\limsup_{n \to \infty} f_n = 0$, aber
$\int f_n d\mu = \infty$.

ii) der Beweis von ii) enthält eine kleine Unvollständigkeit: für $x \in \{h = \infty\} =: N$ könnte auch $f_n(x) = \infty$ und also $h(x) - f_n(x)$ undefiniert sein.
Übergang von f_n zu $f_n \cdot \chi_{\complement N}$ würde aber diesen Mangel beheben, ohne
die Integrale $\int f_n d\mu$ bzw. $\int (\limsup f_n) d\mu$ zu ändern, wie die folgenden
Überlegungen (s.u. Satz 2 ii)) zeigen.

Definition: Sei $(\Omega; \mathcal{A}; \mu)$ ein Maßraum. Dann heißt $\mu^* : P(\Omega) \to \overline{\mathbb{R}}_+$:

$$\mu^*(M) := \inf\{\mu(A) : A \in \mathcal{A} \& A \supset M\}$$

das *äußere Maß* (zu μ). Mengen M mit $\mu^*(M) = 0$ heißen μ- *Nullmengen*,
und eine Aussage $A(x)$, $x \in \Omega$, gilt μ - *fast überall* (μ-f.ü.), wenn $\{x \in \Omega :
A(x)$ gilt nicht $\}$ eine μ-Nullmenge ist.

Bemerkung: μ^* ist eine monotone, σ-subadditive Fortsetzung von μ auf
die Potenzmenge; insbesondere sind Teilmengen und abzählbare Vereinigungen von Nullmengen wieder Nullmengen.

Denn: $M \subset N \Rightarrow \mu^*(M) \leq \mu^*(N)$ und $\mu^*(A) = \mu(A)$ für $A \in \mathcal{A}$ evident.
Sei $(M_n)_{n \in \mathbb{N}}$ eine Folge von Mengen; z.z.

$$\mu^*(\bigcup_1^\infty M_n) \leq \sum_1^\infty \mu^*(M_n).$$

Bei beliebigem $\varepsilon > 0$ wähle jeweils

$$A_n \in \mathcal{A} : A_n \supset M_n \ \& \ \mu(A_n) \leq \mu^*(M_n) + \frac{\varepsilon}{2^n}.$$

Dann ist also $\bigcup_1^\infty M_n \subset \bigcup_1^\infty A_n \in \mathcal{A}$ und

$$\mu^*(\bigcup_1^\infty M_n) \le \mu(\bigcup_1^\infty A_n) \le \sum_1^\infty \mu(A_n) \le \sum_1^\infty \mu^*(M_n) + \varepsilon.$$

∎

Beispiel: $\Omega = I$ n.a. Intervall, $\mathcal{A} = \mathcal{B}(I)$ die Borelsche σ-Algebra.

1 $\mu = \mu_g$ mit $g : I \to \mathbf{R}$ monoton wachsend, rechtsstetig.

Dann ist (§ 6 Schlußbemerkung) die zu $t \in I$ gehörige einpunktige Menge $M = \{t\}$ μ-Nullmenge $\Leftrightarrow$ g stetig bei t. Insbesondere sind also abzählbare Mengen $M \subset I$ Nullmengen von μ_g, wenn g stetig ist, also etwa für das Lebesguemaß. Dagegen brauchen überabzählbare Vereinigungen von Nullmengen keine Nullmengen mehr zu sein, wie in diesem Beispiel I selbst zeigt.

2 $\mu = $ Zählmaß $\zeta | \mathcal{A}$: Hier ist $\emptyset$ die einzige μ-Nullmenge.

3 $\mu = $ Dirac-Maß $\delta_a | \mathcal{A}$ für $a \in \mathbf{R}$ beliebig. Hier ist auch $\mu^* = \delta_a$ und also $I \backslash \{a\}$ die größte μ-Nullmenge.

Satz 2 *(„f.ü.-Abhängigkeit" des Integranden vom Integral): Sei $(\Omega; \mathcal{A}; \mu)$ ein Maßraum.*

i) $f : \Omega \to \overline{\mathbf{R}}_+$ $\mathcal{A}$-meßbar $\&$ $\int f \, d\mu < \infty \Rightarrow f(x) < \infty$ μ- f.ü..

ii) $f : \Omega \to \overline{\mathbf{R}}_+$ $\mathcal{A}$-meßbar; dann $\int f \, d\mu = 0 \Leftrightarrow f(x) = 0$ μ- f.ü..

iii) $f : \Omega \to \mathbf{C}$ μ-integrierbar; dann

$$f(x) = 0 \ \mu\text{-f.ü.} \ \Leftrightarrow \int_A f \, d\mu = 0, \text{jedes } A \in \mathcal{A}.$$

Beweis: i) Für $M := \{f = \infty\}$ gilt $\chi_M \le \frac{1}{n} f$ für alle $n \in \mathbf{N}$, somit

$$0 \le \mu^*(M) = \mu(M) \le \frac{1}{n} \int f \, d\mu \to 0.$$

ii) Für M$:= \{f > 0\}$ gilt

$$\{f \ge \frac{1}{n}\} \nearrow M \ \& \ \frac{1}{n}\chi_{\{f \ge \frac{1}{n}\}} \le f \le \sup_n(n\chi_M);$$

somit hat man wegen σ-Stetigkeit v.u.

$$\mu(\{f \geq \tfrac{1}{n}\}) \nearrow \mu(M) \,\&\, \tfrac{1}{n}\mu(\{f \geq \tfrac{1}{n}\}) \leq \int f\,d\mu \leq \sup_n (n \cdot \mu(M)).$$

Also haben wir die Implikationen

$$\mu(M) = 0 \Rightarrow \int f\,d\mu = 0 \Rightarrow \mu(\{f \geq \tfrac{1}{n}\}) = 0 \text{ für jedes } n \Rightarrow \mu(M) = 0.$$

iii) Offenbar ist o.E. f reellwertig (da beide Aussagen Re f und Im f einzeln betreffen). $f(x) = 0$ μ-f.ü. $\Leftrightarrow f_{\pm}(x) = 0$ μ-f.ü., also nach ii) im Falle $f(x) = 0$ μ-f.ü. auch

$$0 \leq \int_A f_{\pm}\,d\mu \leq \int f_{\pm}\,d\mu = 0, \Rightarrow \int_A f\,d\mu = 0, \text{ für jedes } A \in \mathcal{A}.$$

Ist umgekehrt $\int_A f\,d\mu = 0$ für jedes $A \in \mathcal{A}$, so ergibt Anwendung auf $A := \{f \geq 0\}$, also $\chi_A f = f_+$, wegen ii) sofort $f_+(x) = 0$ μ- f.ü.; ebenso mit $A := \{f \leq 0\}$ auch $f_-(x) = 0$ μ-f.ü..

$\blacksquare$

Satz 3 *(von Lebesgue über majorierte Konvergenz): Sei $(\Omega; \mathcal{A}; \mu)$ ein Maßraum und (f_n) eine Folge von $\mathcal{A}$- meßbaren $f_n : \Omega \to \mathbf{C}$ mit μ-integrierbarer Majorante h (d.h. mit $|f_n| \leq h$ für eine $\mathcal{A}$-meßbare Funktion $h : \Omega \to \overline{\mathbf{R}}_+$ mit $\int h\,d\mu < \infty$). Gilt $f_n \to f$ (für eine Funktion $f : \Omega \to \mathbf{C}$) punktweise,so sind f und alle f_n μ-integrierbar, und es konvergiert*

$$\int f_n\,d\mu \to \int f\,d\mu.$$

Beweis: Da auch f $\mathcal{A}$-meßbar ist (§ 5 Satz 2) und $|f| \leq h$, ist f wie auch jedes f_n μ-integrierbar. Ferner konvergiert $|f_n - f| \to 0$, majoriert durch $2h$, so daß das obige Korollar von Fatou ergibt

$$0 \leq \liminf_{n \to \infty} \int |f_n - f|\,d\mu \leq \limsup_{n \to \infty} \int |f_n - f|\,d\mu \leq 0.$$

Aufgrund der Dreiecksungleichung (§ 7 Satz 1. iv)) folgt

$$\left| \int f_n\,d\mu - \int f\,d\mu \right| = \left| \int (f_n - f)\,d\mu \right| \leq \int |f_n - f|\,d\mu \to 0. \blacksquare$$

Korollar *(Parameterabhängigkeit von Integralen)*: *Sei* $(\Omega; \mathcal{A}; \mu)$ *ein Maß-raum, ferner* $a \in U \subset \mathbf{R}^n$ *offen. Zu* $f : \Omega \times U \to \mathbf{C}$ *mit* μ*-integrierbaren partiellen Funktionen* $f(\cdot, x) : \Omega \to \mathbf{C}$ *betrachte*

$$g : U \to \mathbf{C} : g(x) = \int f(\cdot, x)d\mu =: \int f(s, x)\mu(ds).$$

i)g ist stetig bei a, wenn alle $f(s, \cdot) : U \to \mathbf{C}, s \in \Omega$, stetig bei a sind und für eine μ-integrierbare Funktion $h : \Omega \to \overline{\mathbf{R}}_+$ gilt

$$|f(s, x)| \le h(s); \forall (s, x) \in \Omega \times U.$$

ii) g *ist unter dem Integralzeichen stetig differenzierbar*, d.h. stetig differenzierbar mit

$$\boxed{\frac{\partial g}{\partial x_i}(a) = \int \frac{\partial f}{\partial x_i}(s, a)\mu(ds)} \quad , \quad 1 \le i \le n,$$

wenn alle $f(s, \cdot)$ *stetig (partiell) differenzierbar sind und für eine* μ*-integrierbare Funktion* $h : \Omega \to \overline{\mathbf{R}}_+$ *gilt*

$$|\frac{\partial f}{\partial x_i}(s, x)| \le h(s); \forall (s, x) \in \Omega \times U, 1 \le i \le n.$$

Beweis: Beide Aussagen folgen leicht mit majorierter Konvergenz:

i) $x_n \to a \Rightarrow f(\cdot, x_n) \to f(\cdot, a)$ punktweise & majoriert durch h $\Rightarrow g(x_n) \to g(a)$.

ii) Mit $0 \ne t_n \to 0$ konvergiert bei beliebigen $1 \le i \le n$ und $a \in U$

$$\frac{f(\cdot, a + t_n e^i) - f(\cdot, a)}{t_n} \to \frac{\partial f}{\partial x_i}(\cdot, a)$$

punktweise und (nach der Mittelwertabschätzung) majoriert durch h. Mit majorierter Konvergenz folgt partielle Differenzierbarkeit von g unter dem Integralzeichen sowie Stetigkeit der partiellen Ableitungen nach i).

∎

Da beide Aussagen lokal sind,ergibt sich sofort die folgende Verallgemeinerung von § 1 Satz 6:

Spezialfall: Ω *kompakter topologischer Raum,* μ *Borelmaß auf* Ω *(also endlich),* $f : \Omega \times U \to \mathbf{C}$ *stetig. Dann existiert* g *und ist stetig auf* U. *Sind weiter alle* $f(s,\cdot)$ *partiell differenzierbar mit stetigen partiellen Ableitungen* $\frac{\partial f}{\partial x_i} : \Omega \times U \to \mathbf{C}$, *so ist auch* g, *und zwar unter dem Integralzeichen, stetig differenzierbar.*

Schlußbemerkung: Übrigens gibt es auch im Rahmen der Differentialrechnung einige bemerkenswerte, keineswegs triviale, f.ü.- Aussagen bezüglich des Lebesguemaßes λ auf $\mathbf{R}$ (vgl. Royden [7], Kap. 5), etwa die beiden folgenden: Sei $f : [\alpha, \beta] \to \mathbf{R}$ eine Funktion.

i) Ist f v.b.V. (also z.B. monoton; s. § 1), so ist f f.ü. differenzierbar.

ii) Ist f λ-integrierbar, so ist das *unbestimmte Integral:*

$$F : F(x) = \int\limits_{\alpha}^{x} f(t)dt \quad (:= \int \chi_{[\alpha,x]} \cdot f d\lambda)$$

f.ü. differenzierbar mit $F'(x) = f(x)$.

§ 9. Einige spezielle Maße und ihre Integrale.

Wir stellen hier einige Beispiele für Integrale von grundsätzlichem Interesse zusammen. Nur 1 und 2 werden in späteren Paragraphen benutzt.

Das erste Beispiel ist fast eine Tautologie und entsprechend in Integralumformungen (besonders auch in der Stochastik) beinahe allgegenwärtig:

1   Sei $(\Omega; \mathcal{A}; \mu)$ ein beliebiger Maßraum, $(\Omega'; \mathcal{A}')$ ein Meßraum und $\Phi : \Omega \to \Omega'$ eine meßbare Abbildung. Dann ist offenbar das *Bildmaß* von μ unter Φ:

$$\mu \circ \Phi^{-1} : \mathcal{A}' \to \overline{\mathbf{R}}_+ \text{ mit } (\mu \circ \Phi^{-1})(A) = \mu(\Phi^{-1}(A))$$

ein Maß auf $\mathcal{A}'$. Für die zugehörigen Integrale gilt das

Transformationslemma: *Sei $f : \Omega' \to \mathbf{C}$ $\mathcal{A}'$-meßbar.*
Es gilt: f ist $\mu \circ \Phi^{-1}$-integrierbar $\Leftrightarrow$ $f \circ \Phi$ ist μ-integrierbar, und dann

$$\boxed{\int (f \circ \Phi)\,d\mu = \int f\,d(\mu \circ \Phi^{-1})} \quad .$$

Beweis: Wegen Linearität beider Seiten in f genügt der Nachweis der Formel für $f \geq 0$. Für $f = \chi_A$ mit $A \in \mathcal{A}'$ stimmt dies nach Definition, damit auch für Stufenfunktionen $f \geq 0$ und somit durch monotone Approximation (§ 5 Satz 1. und B. Levi) allgemein.

∎

Auch das nächste Beispiel folgt sofort durch ein monotones Approximationsargument und hat viele Anwendungen, wiederum besonders in der Stochastik (vgl. kontinuierliche Verteilungen, § 6).

2   Wir fixieren einen beliebigen Maßraum $(\Omega; \mathcal{A}; \mu)$ und eine meßbare Funktion $f : \Omega \to \mathbf{R}_+$.

Satz 1 *(Maße mit Dichten):* $\nu : \mathcal{A} \to \overline{\mathbf{R}}_+$ *mit* $\nu(A) := \int_A f\,d\mu$ *ist ein Maß (das Maß mit μ- Dichte f). Eine meßbare Funktion $g : \Omega \to \mathbf{C}$ ist ν-integrierbar $\Leftrightarrow$ $g \cdot f$ ist μ-integrierbar, und in diesem Falle gilt*

$$\boxed{\int g\,d\nu = \int gf\,d\mu} \quad .$$

(Deshalb schreibt man ν auch in der Form $\nu = f \cdot \mu$).

Beweis: Die Additivität von ν folgt aus der Linearität des Integrals, σ-Stetigkeit von unten nach B. Levi. Für die Integralaussage genügt es wegen Linearität beider Seiten in g, die Formel für $g \geq 0$ zu zeigen. Diese stimmt aber für $g = \chi_A, A \in \mathcal{A}$,nach Definition und verallgemeinert sich wieder durch monotone Approximation auf beliebige meßbare $g \geq 0$.

∎

Von grundsätzlicher Bedeutung (wenn auch in Anwendungen oft vermeidbar) ist auch das folgende Beispiel:

3   Sei $(\Omega; \mathcal{A}; \mu)$ ein beliebiger Maßraum und

$$\mathcal{N}(\mu) := \{A \subset \Omega : \mu^*(A) = 0\}$$

das „Ideal" der μ-Nullmengen; $\mathcal{A}(\mu)$ bezeichne die von $\mathcal{A}$ und $\mathcal{N}(\mu)$ erzeugte σ-Algebra (der sogenannten μ- *meßbaren* Mengen).

Satz 2 *(Lebesgue-Vervollständigung):* *i) Es gilt*

$$\mathcal{A}(\mu) = \{A \cup N : A \in \mathcal{A}, N \in \mathcal{N}(\mu)\},$$

und $\tilde{\mu} : \mathcal{A}(\mu) \to \overline{\mathbf{R}}_+$ mit $\tilde{\mu}(A \cup N) := \mu(A)$ definiert die (eindeutig bestimmte) Fortsetzung von μ zu einem Maß auf $\mathcal{A}(\mu)$.

ii) Eine Funktion f auf Ω ist $\mathcal{A}(\mu)$-meßbar $\Leftrightarrow f = \tilde{f}$ μ-f.ü. für eine $\mathcal{A}$-meßbare Funktion $\tilde{f}$ auf Ω; in diesem Fall ist weiter f $\tilde{\mu}$- integrierbar $\Leftrightarrow \tilde{f}$ μ-integrierbar, und dann $\int f \, d\tilde{\mu} = \int \tilde{f} \, d\mu$.

Beweis: i) Zunächst existiert zu jedem $N \in \mathcal{N}(\mu)$ ein $\tilde{N} \in \mathcal{A}$ mit $\tilde{N} \supset N$ & $\mu(\tilde{N}) = 0$ (nämlich für eine Folge (A_n) in $\mathcal{A}$ mit $A_n \supset N$ & $\mu(A_n) \to 0$ etwa $\tilde{N} := \bigcap_1^\infty A_n$). Damit ist $\tilde{\mathcal{A}} := \{A \cup N : A \in \mathcal{A}, N \in \mathcal{N}(\mu)\}$ komplementiert:

$$\complement(A \cup N) = (\complement A)\backslash N = ((\complement A)\backslash \tilde{N}) \cup (\tilde{N}\backslash N) \in \tilde{\mathcal{A}}.$$

Da $\tilde{\mathcal{A}}$ offenbar stabil ist gegen abzählbare $\cup$-Bildung, ist $\tilde{\mathcal{A}}$ eine σ-Algebra, die $\mathcal{A}$ und $\mathcal{N}(\mu)$ umfaßt, also $\tilde{\mathcal{A}} \supset \mathcal{A}(\mu)$; trivialerweise gilt auch $\tilde{\mathcal{A}} \subset \mathcal{A}(\mu)$.

Weiter ist $\tilde{\mu}$ wohldefinierte Fortsetzung von μ, da (in obiger Bezeichnung) $A \cup N = A' \cup N'$ impliziert

$$\mu(A) \leq \mu^*(A' \cup N') \leq \mu^*(A') + \mu^*(N') = \mu(A'),$$

d.h. $\mu(A) \leq \mu(A')$, und ebenso $\geq$. Schließlich ist $\tilde{\mu}$ σ-additiv: Ist $(A_n \cup N_n)_{n \in \mathbf{N}}$ eine disjunkte Folge in $\mathcal{A}(\mu)$, so ist erst recht (A_n) disjunkte Folge in $\mathcal{A}$ und

$$\bigcup_1^\infty (A_n \cup N_n) = (\bigcup_1^\infty A_n) \cup (\bigcup_1^\infty N_n);$$

hierbei ist $A := \bigcup_1^\infty A_n \in \mathcal{A}$ & $N := \bigcup_1^\infty N_n \in \mathcal{N}(\mu)$. Somit folgt

$$\tilde{\mu}(\bigcup_1^\infty (A_n \cup N_n)) = \mu(A) = \sum_1^\infty \mu(A_n) = \sum_1^\infty \mu(A_n \cup N_n).$$

ii) Hier kann man sich offenbar auf nicht-negative Funktionen beschränken. Für Indikatorfunktionen f (d.h. $f(\Omega) \subset \{0,1\}$) folgen beide Aussagen direkt aus i) und verallgemeinern sich dann sofort auf Stufenfunktionen $f \geq 0$ (d.h. $f(\Omega)$ endlich); durch monotone Approximation folgen sie schließlich allgemein.

■

Das folgende Beispiel behandelt das etwas ausgefallene *Zählmaß* ζ, und damit auch alle *diskreten Maße* (= Maß der Form $h \cdot \zeta$ mit einer Dichte $h \geq 0$) durch Kombination mit Satz 1:

4   Sei $\Omega \neq \emptyset$ beliebige Menge und $\zeta : \Omega \to \overline{\mathbf{R}}_+$ das *Zählmaß* auf Ω, also

$$\zeta(A) = \text{Mächtigkeit von } A, \text{ falls } A \text{ endlich ist}; \ = \infty \text{ sonst.}$$

Eine Funktion $f : \Omega \to \mathbf{C}$ heißt *summierbar*, wenn gilt

$$\sum_{x \in \Omega} |f(x)| := \sup\{\sum_{x \in E} |f(x)| : E \subset \Omega \text{ endlich }\} < \infty.$$

Man beachte, daß in diesem Fall jede der Mengen $\{|f| \geq \frac{1}{n}\}, n \in \mathbf{N}$, endlich und also $\{f \neq 0\} = \bigcup_{n \in \mathbf{N}}\{|f| \geq \frac{1}{n}\}$ abzählbar ist: $\{f \neq 0\} =:$

$\{x_1, x_2, \ldots\}$. Ferner ist die Reihe $\sum f(x_k)$ dann also absolut konvergent, insbesondere ihr Wert unabhängig von der Summationsreihenfolge (d.h. der gewählten Nummerierung von $\{f \neq 0\}$); wir schreiben für summierbare f dashalb auch

$$\sum_{x \in \Omega} f(x) := \sum_{k=1}^{\infty} f(x_k).$$

Satz 3 *(Summation als Integration):$f : \Omega \to \mathbf{C}$ ist ζ-integrierbar $\Leftrightarrow f$ ist summierbar; in diesem Falle und für beliebige $f \geq 0$ gilt*

$$\boxed{\int f \, d\zeta = \sum_{x \in \Omega} f(x)} \quad .$$

Beweis: Trivialerweise gilt für endliche $E \subset \Omega$ (wenn für $E = \emptyset$ die leere Summe wie üblich den Wert 0 hat) $\int_E f \, d\zeta = \sum_{x \in E} f(x)$. Ist f ζ-integrierbar, so folgt $\sum_{x \in E} |f(x)| = \int_E |f| d\zeta \leq \int |f| d\zeta < \infty$, so daß f auch summierbar ist. Ist umgekehrt f summierbar, so sind (s.o.) die $E_n := \{|f| \geq \frac{1}{n}\}$ endlich, und nach B. Levi folgt

$$\sum_{x \in \Omega} |f(x)| \searrow \sum_{x \in E_n} |f(x)| = \int_{E_n} |f| d\zeta \nearrow \int |f| d\zeta.$$

Insbesondere ist damit die Integrierbarkeitsaussage bewiesen, während nun die Formel $\int f \, d\zeta = \sum_{x \in \Omega} f(x)$ im integrierbaren Fall wegen offensichtlich linearer Abhängigkeit beider Seiten von f aus dem obigen Fall $f \geq 0$ durch Zerlegung in nicht-negative Teile folgt.

■

Wir fixieren jetzt eine Funktion $h : \Omega \to \mathbf{R}_+$. Für das diskrete Maß $\mu := h \cdot \zeta$ auf der Potenzmenge $\mathbf{P}(\Omega)$ ergibt sich aus Satz 3 (für $f := \chi_A \cdot h$)

$$\mu(A) = \sum_{x \in A} h(x); A \subset \Omega.$$

Für $h = \chi_{\{a\}}$ (mit $a \in \Omega$) erhält man das Dirac-Maß δ_a; für beliebige h schreibt man entsprechend

$$\mu =: \sum_{x \in \Omega} h(x) \delta_x.$$

Hierfür folgt durch Kombination der Sätze 1 und 3 sofort:

Korollar: $f : \Omega \to \mathbf{C}$ *ist* μ-*integrierbar* $\Leftrightarrow \sum_{x\in\Omega} |f(x)|h(x) < \infty$, *und dann gilt*

$$\int f\,d\mu = \sum_{x\in\Omega} f(x)h(x).$$

Beispiel: Sei $\Omega = \mathbf{R}$, $g : \mathbf{R} \to \mathbf{R}_+ : g(t) = \sum_{k\in\mathbf{Z}:k\leq t} \alpha_k$ mit $\sum_{-\infty}^{\infty} \alpha_k = 1$ eine *diskrete Verteilungsfunktion* (§ 6). Für das zugehörige Wahrscheinlichkeitsmaß μ_g auf $\mathbf{R}$ gilt dann

$$\mu_g = \sum_{k=-\infty}^{\infty} \alpha_k \delta_k.$$

Denn auf dem $\cap$-stabilen Erzeuger von $\mathcal{B}(\mathbf{R})$ der Intervalle $]s,t]$ ist ja

$$\mu_g(]s,t]) = g(t) - g(s) = \sum_{k:s<k\leq t} \alpha_k.$$

Für den *Erwartungswert* $Ef := \int f\,d\mu_g$ bzw. die *Varianz* $Var f := E(f - Ef)^2$ einer μ_g-integrierbaren Funktion $f : \mathbf{R} \to \mathbf{R}$ folgt nun aus dem Korollar: $Ef = \sum_{k=-\infty}^{\infty} \alpha_k f(k)$, und hiermit berechnet sich $Var f$ gemäß

$$Var f = E(f^2 - 2fEf + Ef) = E(f^2) - E(f)^2 \ (\in \overline{\mathbf{R}}_+).$$

Ist z.B. μ_g die *Poissonverteilung* zum Parameter $\lambda \geq 0$, d.h.

$$\mu_g = \sum_{k=0}^{\infty} e^{-\lambda}\frac{\lambda^k}{k!}\delta_k,$$

so ist $f(x) := x$ μ_g-integrierbar mit

$$Ef = e^{-\lambda}\sum_{k=0}^{\infty} k\frac{\lambda^k}{k!} = e^{-\lambda}\sum_{k=1}^{\infty} \lambda\frac{\lambda^{k-1}}{(k-1)!} = \lambda;$$

$$Ef^2 = e^{-\lambda}\sum_{k=0}^{\infty} k^2\frac{\lambda^k}{k!} = e^{-\lambda}\sum_{k=1}^{\infty} \frac{\lambda^k}{(k-1)!}(1 + k - 1) = \lambda + \lambda^2$$

d.h. $Var f = \lambda$.

5   Die nächste Formel suggeriert eine gewisse universelle Rolle des 1-dimensionalen Lebesgue-Maßes. Ihr Nachteil besteht allerdings darin, daß die Abhängigkeit der (fallenden, rechtsstetigen) Funktion $t \mapsto \mu\{f > t\}$ von f recht undurchsichtig ist. Andererseits hat man gerade für solche „Verteilungsfunktionen" manchmal Abschätzungen, aus denen sich durch die folgende Formel dann Abschätzungen für den Erwartungswert gewinnen lassen.

Satz 4 *Sei $(\Omega; \mathcal{A}; \mu)$ ein Maßraum und $f : \Omega \to \mathbf{R}_+$ meßbar. Dann gilt (in $\overline{\mathbf{R}}_+$)*

$$\int f \, d\mu = \int_0^\infty \mu(\{f > t\}) dt.$$

Beweis: Ist zunächst f eine Stufenfunktion, also von der Form $f = \sum_1^r \alpha_k \chi_{A_k}$ mit $A_1, \ldots, A_r \in \mathcal{A}$ disjunkt $\& \, 0 = \alpha_0 < \alpha_1 < \ldots < \alpha_r$, so hat man

$$\{f > t\} = \bigcup_{k=m}^r A_k \text{ für } \alpha_{m-1} \leq t < \alpha_m; 1 \leq m \leq r$$

und $\{f > \alpha_r\} = \emptyset$. Es folgt

$$\int_0^\infty \mu(\{f > t\}) dt = \sum_{m=1}^r \mu(\bigcup_{k=m}^r A_k) \cdot (\alpha_m - \alpha_{m-1})$$

$$= \sum_{m=1}^r \sum_{k=m}^r \mu(A_k) \cdot (\alpha_m - \alpha_{m-1}) = \sum_{k=1}^r \alpha_k \mu(A_k) = \int f \, d\mu.$$

Nunmehr ergibt sich der allgemeine Fall wieder durch monotone Approximation: $0 \leq f_n \nearrow f \Rightarrow \{f_n > t\} \nearrow \{f > t\} \Rightarrow$

$$\int f \, d\mu \searrow \int f_n d\mu = \int \mu(\{f_n > t\}) dt \nearrow \int \mu(\{f > t\}) dt.$$

∎

Das letzte Beispiel dieses Paragraphen zeigt, daß man auch im nur additiven (nicht mehr notwendig σ-additiven) Fall zumindest beschränkte meßbare Funktionen in „sinnvoller" Weise integrieren kann:

6   Sei $\mathcal{A}$ eine *Algebra* von Teilmengen von Ω und $\mu : \mathcal{A} \to \mathbf{R}_+$ additiv (ein sogenannter *Inhalt*). Wie in § 7 hat man dann für $\mathcal{A}$-Stufenfunktionen ($=\mathcal{A}$-meßbare Funktionen mit endlichem Wertebereich) f ein wohldefiniertes Integral

$$\int f \, d\mu = \sum_{t \in \mathbf{R}} t \cdot \mu(\{f = t\}),$$

welches linear und monoton von f abhängt (§ 7 Lemma i)). Insbesondere folgt aus der Monotonie die Abschätzung $|\int f \, d\mu| \leq \|f\|\mu(\Omega)$, die zeigt, daß die Abhängigkeit des $\int f \, d\mu$ von f auch stetig ist bezüglich der, durch die Supremumsnorm $\|\ \|$ beschriebenen, Topologie der gleichmäßigen Konvergenz. Durch (eindeutige!) stetige Fortsetzung erhält man also ein wohldefiniertes „Integral"

$$\int f \, d\mu := \lim_{n \to \infty} \int f_n d\mu \quad (\in \mathbf{R})$$

für $f \in B(\Omega; \mathcal{A}; \mathbf{R})$, dem Vektorraum aller $f : \Omega \to \mathbf{R}$, welche sich als gleichmäßige Grenzwerte $f = \lim_{n \to \infty} f_n$ einer Folge von $\mathcal{A}$-Stufenfunktionen darstellenlassen. Welche Funktionen sind dies?

Satz 5 $B(\Omega; \mathcal{A}; \mathbf{R})$ *enthält alle beschränkten $\mathcal{A}$-meßbaren Funktionen; ist $\mathcal{A}$ σ-Algebra, so ist umgekehrt jede Funktion aus $B(\Omega; \mathcal{A}; \mathbf{R})$ beschränkt und $\mathcal{A}$-meßbar.*

Beweis: Die letzte Aussage folgt (da gleichmäßige Grenzwerte beschränkter Funktionen wieder beschränkt sind) aus dem Permanenzsatz (§ 5 Satz 2) für meßbare Funktionen. Sei umgekehrt $f : \Omega \to \mathbf{R}$ beschränkt und $\mathcal{A}$-meßbar. Aus der Kompaktheit von $\overline{f(\Omega)} \subset \mathbf{R}$ folgt zunächst bei vorgegebenem $\varepsilon > 0$ die Existenz endlich vieler $\alpha_1, \ldots, \alpha_r \in f(\Omega)$ so, daß zu jedem $x \in \Omega$ mindestens ein k existiert, wofür $|f(x) - \alpha_k| < \varepsilon$ gilt. Die Mengen

$$A_k := \{|f - \alpha_k| < \varepsilon\}; \quad k = 1, \ldots, r$$

sind wegen $\mathcal{A}$-Meßbarkeit von f aus $\mathcal{A}$ und überdecken also Ω. Die mit den disjunkten Verkleinerungen

$$A_1' := A_1, A_2' := A_2 \backslash A_1, \ldots, A_r' = A_r \backslash \bigcup_{k=1}^{r-1} A_k$$

gebildete $\mathcal{A}$-Stufenfunktion $g := \sum_1^r \alpha_k \chi_{A_k'}$ approximiert dann die Funktion f bis auf ε, d.h. $\|f - g\| < \varepsilon$.   ∎

Eine detaillierte Integrationstheorie für Inhalte findet man in Dunford-Schwartz [2] Chapt. III. Natürlich können die starken Grenzwertsätze von § 7, die ja Verallgemeinerungen der σ-Additivität des Maßes sind, so nicht mehr gültig bleiben. Man hat stattdessen wesentlich unhandlichere Verallgemeinerungen.

§ 10.   Die Räume $L^p(\mu)$ für $p = 1, 2, \infty$. Satz von Radon-Nikodym.

Es ist einer der großen Vorzüge der Lebesgue'schen Integrationstheorie (und eine Konsequenz ihrer Grenzwertsätze), daß der Vektorraum aller μ- integrierbaren Funktionen in der „Integralnorm" $\|f\|_1 = \int |f| d\mu$ vollständig ist. Auf diese Weise erhält man eine Serie von Banachräumen $L^p(\mu), 1 \leq p \leq \infty$, von denen wir die drei wichtigsten Fälle $p = 1, 2, \infty$ in diesem Paragraphen behandeln; dabei ist $L^2(\mu)$ sogar ein Hilbertraum. Wir illustrieren die Stärke solcher Vollständigkeitsaussagen durch einen funktionalanalytischen Beweis des Satzes von Radon-Nikodym mit einem typischen Hilbertraum-Schluß.

Bezeichnungen: Sei $(\Omega; \mathcal{A}; \mu)$ ein fixierter Maßraum. Für eine meßbare Funktion $f : \Omega \to \mathbf{C}$ setzen wir (in $\overline{\mathbf{R}}_+$)

$$\|f\|_p := \begin{cases} (\int |f|^p d\mu)^{\frac{1}{p}} \text{ für } 1 \leq p < \infty \\ \inf\{\sup |f(A)| : A \in \mathcal{A} \text{ mit } \mu(\complement A) = 0\} \text{ für } p = \infty. \end{cases}$$

Hiermit bilden wir die Mengen ($\mathbf{K} := \mathbf{R}$ bzw. $\mathbf{C}$)

$$\mathcal{L}^p(\mu; \mathbf{K}) := \{f : \Omega \to \mathbf{K} : f \text{ meßbar } \& \|f\|_p < \infty\};$$
$$\mathcal{N}(\mu; \mathbf{K}) := \{f : \Omega \to \mathbf{K} : f \text{ meßbar } \& f = 0 \; \mu - \text{f.ü.}\}.$$

Wir beschränken uns im folgenden auf die drei wichtigsten Fälle $p = 1, 2, \infty$ (die verbleibenden $1 < p < \infty, p \neq 2$, sind technisch eine Spur komplizierter und mehr vom systematischen Standpunkt her von Interesse (Vgl. Dunford-Schwartz [2] Kapitel IV. 8).

Bemerkung: i) Zu jeder abzählbaren Menge F meßbarer Funktionen gibt es *eine* Menge $A \in \mathcal{A}$ so, daß

$$\mu(\complement A) = 0 \; \& \; \|f\|_\infty = \sup |f(A)|, \forall f \in F.$$

Denn: Zunächst existiert zu jedem einzelnen $f \in F$ ein $A_f \in \mathcal{A}$ mit $\mu(\complement A_f) = 0$ und $\|f\|_\infty = \sup |f(A_f)|$: Man wähle nämlich zu $n = 1, 2, \ldots$ jeweils $B_n \in \mathcal{A}$ mit $\mu(\complement B_n) = 0 \& \sup |f(B_n)| \leq \|f\|_\infty + \frac{1}{n}$; dann leistet $A_f := \bigcap_1^\infty B_n$ das Verlangte. Mit diesen A_f erfüllt nun aber $A := \bigcap_{f \in F} A_f \in \mathcal{A}$ die obige Behauptung.

ii) $\mathcal{N}(\mu; \mathbf{K}) = \{f \in \mathcal{L}^p(\mu; \mathbf{K}) : \|f\|_p = 0\}$, $\forall p$.

Denn: Dies folgt für $p < \infty$ aus dem Satz über f.ü.-Abhängigkeit des Integranden vom Integral (§ 8 Satz 2), und für $p = \infty$ aus i).

∎

iii) Die Räume $\mathcal{L}^p(\mu; \mathbf{K})$ sind $\mathbf{K}$-Vektorräume, und $\|\ \|_p$ hierauf Halbnormen:

$$\|\alpha f\|_p = |\alpha|\|f\|_p, \forall \alpha \in \mathbf{K}; \quad \|f + g\|_p \le \|f\|_p + \|g\|_p.$$

Denn: Der Fall $p = \infty$ ist nach i) evident; der Fall $p = 1$ folgt aus der Linearität und Monotonie des Integrals (§ 7 Satz 1). $\mathcal{L}^2(\mu; \mathbf{K})$ ist Vektorraum, da für $f, g \in \mathcal{L}^2(\mu; \mathbf{K})$ (punktweise) gilt

$$|f + g|^2 \le |f|^2 + |g|^2 + 2|fg|; \quad 2|fg| \le |f|^2 + |g|^2.$$

Hiernach ist nicht nur $f + g \in \mathcal{L}^2(\mu; \mathbf{K})$, sondern auch $f\bar{g} \in \mathcal{L}^1(\mu; \mathbf{K})$, und wir haben $\|f\|_2^2 = \langle f, f \rangle$ für die positiv semidefinite Sesquilinearform

$$\langle f, g \rangle := \int f\bar{g}\,d\mu.$$

Hieraus ergibt sich die Halbnormeigenschaft für $\|\ \|_2$ in bekannter Weise (lineare Algebra!).

∎

Aus ii) und iii) folgt nun, daß die Quotientenräume

$$L^p(\mu; \mathbf{K}) := \mathcal{L}^p(\mu; \mathbf{K})/\mathcal{N}(\mu; \mathbf{K})$$

aller Äquivalenzklassen μ-f.ü. gleicher Funktionen $\mathbf{K}$-Vektorräume sind, auf denen (wenn $\dot{f}$ die Klasse von $f \in \mathcal{L}^p(\mu; \mathbf{K})$ bezeichnet) $\|\dot{f}\|_p := \|f\|_p$ jeweils eine wohlbestimmte (d.h. von der Wahl des Repräsentanten unabhängige) Norm definiert; für $p = 2$ ist ebenso $\langle \dot{f}, \dot{g} \rangle := \int f\bar{g}\,d\mu$ ein wohlbestimmtes inneres Produkt auf $L^2(\mu; \mathbf{K})$, wofür also

$$\|\dot{f}\|_2 = \sqrt{\langle \dot{f}, \dot{f} \rangle}$$

ist. Die Schwarz'sche Ungleichung liefert sogleich als wichtige Konsequenz:

Satz 1 *(Höldersche Ungleichung):* Für $f, g \in \mathcal{L}^2(\mu; \mathbf{K})$ ist $fg \in \mathcal{L}^1(\mu; \mathbf{K})$ *und*

$$\|fg\|_1 \leq \|f\|_2 \|g\|_2.$$

Insbesondere hat man bei endlichem μ „stetige Inklusionen"

$$\mathcal{L}^\infty(\mu; \mathbf{K}) \subset \mathcal{L}^2(\mu; \mathbf{K}) \subset \mathcal{L}^1(\mu; \mathbf{K}); \quad \|f\|_1 \leq \|f\|_2 \sqrt{\mu(\Omega)} \leq \|f\|_\infty \mu(\Omega).$$

Beweis: $\|fg\|_1 = \int |fg| d\mu = \langle |f|, |g| \rangle \leq \|f\|_2 \|g\|_2$ (letzteres nach der Schwarz'schen Ungleichung). Die zusätzlichen Aussagen bei $\mu(\Omega) < \infty$ ergeben sich hieraus mit $g = 1$, der in diesem Falle μ-integrierbaren konstanten Funktion 1 , für welche $\|1\|_2 = \sqrt{\mu(\Omega)}$ ist. In der letzten Abschätzung wurde die evidente Ungleichung $\|f\|_2 \leq \|f\|_\infty \cdot \sqrt{\mu(\Omega)}$ benutzt.

∎

Wir schreiben im folgenden kurz $\mathcal{L}^p(\mu)$ bzw. $L^p(\mu)$ (oder auch nur $\mathcal{L}^p$ bzw. L^p) und meinen also jeweils $\mathcal{L}^p(\mu; \mathbf{K})$ bzw. $L^p(\mu; \mathbf{K})$ für $\mathbf{K} = \mathbf{R}$ oder $\mathbf{K} = \mathbf{C}$. Ebenso werden wir Restklassen $f \in L^p$ oft mit ihren Repräsentanten $f \in \mathcal{L}^p$ identifizieren; bei punktweisen Aussagen zieht dies natürlich den Zusatz „μ-f.ü." nach sich.

Satz 2 *(Fischer-Riesz): Die normierten Räume $(L^p(\mu); \| \ \|_p), p = 1, 2, \infty$, sind vollständig („Banach-Räume").*

Beweis: Der Fall $p = \infty$ ergibt sich leicht aus obiger Bemerkung i): Wähle zu einer $\| \ \|_\infty$-Cauchy-Folge (f_n) in L^∞ nach dieser Bemerkung eine Menge $A \in \mathcal{A}$ mit

$$\mu(\mathsf{C}A) = 0 \ \& \ \|f_n - f_m\|_\infty = \sup_{x \in A} |f_n(x) - f_m(x)|; \forall n, m \in \mathbf{N}.$$

Dann konvergieren also die Einschränkungen $f_n | A$ sogar gleichmäßig gegen eine Funktion $f_0 : A \to \mathbf{K}$, die wir noch durch Null-Setzen außerhalb A zu einer - nach dem Permanenzsatz §5 Satz 2 meßbaren - Funktion f auf ganz Ω fortsetzen. Hierfür gilt dann

$$\|f - f_n\|_\infty \leq \sup_{x \in A} |f(x) - f_n(x)| \to 0,$$

insbesondere also auch $\|f\|_\infty \leq \|f_n\|_\infty + \|f - f_n\|_\infty < \infty$, wie gewünscht. Der Beweis der verbleibenden Fälle $p = 1, 2$ besteht in einer Kombination zweier auch für sich allein interessanter Teilaussagen:

1. Eine Cauchyfolge $(a_n)_{n\in \mathbf{N}}$ in einem beliebigen metrischen Raum $(S; \rho)$ konvergiert schon (gegen $a \in S$), wenn mindestens eine Teilfolge $(a_{\tau(n)})_{n\in\mathbf{N}}$ gegen a konvergiert. Denn: Wählt man zu gegebenem $\varepsilon > 0$ ein $n_0 \in \mathbf{N}$ so groß, daß

$$\rho(a_n, a_m) < \varepsilon; \forall n, m \geq n_0, \& \rho(a_{\tau(n)}, a) < \varepsilon; \forall n \geq n_0,$$

so gilt wegen $\tau(n) \geq n$ auch

$$\rho(a_n, a) \leq \rho(a_n, a_{\tau(n)}) + \rho(a_{\tau(n)}, a) < 2\varepsilon; \forall n \geq n_0.$$

2. Jede Cauchy-Folge $(\dot{f}_n)$ in $L^p(\mu; \mathbf{K})$ für $p = 1, 2$ besitzt Repräsentanten $f_n \in \dot{f}_n$ so, daß eine Teilfolge $(f_{\tau(n)})_{n\in\mathbf{N}}$ von (f_n) punktweise und majoriert durch eine Funktion $h \in \mathcal{L}^p(\mu; \mathbf{K})$ konvergiert, also:

$$\exists f : \Omega \to \mathbf{K} \text{ mit } f_{\tau(n)} \to f \& |f_{\tau(n)}| \leq h;$$

dann folgt aber (majorierte Konvergenz: $|f_{\tau(n)} - f|^p \leq 2^p h^p \in \mathcal{L}^1(\mu; \mathbf{K})$)

$$(\|f_{\tau(n)} - f\|_p)^p = \int |f_{\tau(n)} - f|^p \, d\mu \to 0,$$

insbesondere $f \in \mathcal{L}^p(\mu; \mathbf{K})$ und nach 1. auch $\|\dot{f}_n - \dot{f}\|_p \to 0$.
Um dies zu sehen, nehmen wir o.E. (nach eventuellem Übergang zu einer Teilfolge) von vornherein an, daß gilt $\|\dot{f}_{n+1} - \dot{f}_n\|_p < \frac{1}{2^n}$ für jedes $n \in \mathbf{N}$. Daraus folgt, für beliebige Repräsentanten,

$$\left(\left\|\sum_{k=1}^n |f_{k+1} - f_k|\right\|_p\right)^p = \int \left(\sum_{k=1}^n |f_{k+1} - f_k|\right)^p d\mu \leq \left(\sum_{k=1}^n \frac{1}{2^k}\right)^p \leq 1; \forall n \in \mathbf{N},$$

also nach B. Levi mit $n \to \infty$

$$(*) \qquad \int \left(\sum_{k=1}^\infty |f_{k+1} - f_k|\right)^p d\mu < \infty.$$

Damit gilt zunächst $\sum_{k=1}^\infty |(f_{k+1} - f_k)(x)| =: g(x) < \infty$ μ-f.ü., also bei geeigneter Wahl der Repräsentanten sogar überall; dabei ist die so definierte Funktion $g : \Omega \to \mathbf{R}_+$ überdies nach (*) in $\mathcal{L}^p(\mu; \mathbf{K})$. Die Reihe $\sum(f_{k+1} - f_k)$, d.h. die Folge ihrer Partialsummen

$$\sum_{k=1}^{n}(f_{k+1} - f_k) = f_{n+1} - f_1, \qquad n \in \mathbf{N},$$

konvergiert somit punktweise (sogar absolut) und majoriert durch g, d.h. (f_n) selbst konvergiert punktweise und majoriert durch $h := g + |f_1| \in \mathcal{L}^p(\mu; \mathbf{K})$, wie behauptet.

∎

Zur Illustration der Wichtigkeit solcher Vollständigkeitsaussagen geben wir als Anhang einen Beweis des für die Maßtheorie und Stochastik fundamentalen Satzes von Radon-Nikodym durch einen „Hilbertraumschluß".

Anhang *(Satz von Radon-Nikodym):* Wir suchen eine Charakterisierung der im vorigen § 9 schon behandelten Maße mit Dichten.

Definition: Ein Maß $\nu : \mathcal{A} \to \overline{\mathbf{R}}_+$ heißt *μ-absolutstetig* (kurz: $\nu \ll \mu$), wenn $\mu(A) = 0 \Rightarrow \nu(A) = 0$.

Beispiel:
1.   Für $\mu = \zeta$ (Zählmaß) ist jedes Maß $\nu \ll \zeta$, da $\emptyset$ die einzige ζ-Nullmenge ist.
2.   Für $\mu = \delta_a$ (Dirac-Maß) ist $\nu \ll \delta_a \Leftrightarrow \nu = t \cdot \delta_a$ für ein $t \in \overline{\mathbf{R}}_+$.

Zwischen diesen beiden Extremfällen liegt meist die Realität:

Satz 3 *(Radon-Nikodym):* *Sei* $(\Omega; \mathcal{A}; \mu)$ *ein σ-endlicher Maßraum und* $\nu : \mathcal{A} \to \overline{\mathbf{R}}_+$ *ein σ-endliches Maß. Genau dann gilt $\nu \ll \mu$, wenn ν eine Dichte bzgl. μ besitzt, wenn also existiert ein $f : \Omega \to \mathbf{R}_+$ $\mathcal{A}$-meßbar mit $\nu(A) = \int_A f \, d\mu$, für alle $A \in \mathcal{A}$; die Dichte f ist μ-f.ü. eindeutig.*

Beweis: Hat ν eine μ-Dichte f, so gilt $\nu \ll \mu$ und f ist μ-f.ü. eindeutig bestimmt nach dem Satz über f.ü.-Abhängigkeit des Integranden vom Integral (§ 8 Satz 2); für eine weitere Dichte g wäre nämlich dann

$$\int_{A \cap S} (f - g) d\mu = 0, \forall A \in \mathcal{A}$$

und also $f = g$ μ-f.ü. auf S für jede Menge $S \in \mathcal{A}$ mit $\nu(S) < \infty$. Da ν σ-endlich ist, bedeutet dies $f = g$ μ-f.ü.. Seien nun umgekehrt $\nu \ll \mu$ zwei σ-endliche Maße. Wir reduzieren zunächst auf den Fall endlicher μ, ν: Man wähle eine Folge $S_n \nearrow \Omega$ in $\mathcal{A}$ mit $\mu(S_n) < \infty \,\&\, \nu(S_n) < \infty$ und betrachte die endlichen Maße

$$\mu_n, \nu_n : \mathcal{A} \to \mathbf{R}_+ \text{ mit } \mu_n(A) := \mu(S_n \cap A), \nu_n(A) := \nu(S_n \cap A).$$

Hat man hierfür Dichten $f_n : \Omega \to \mathbf{R}_+$, also mit

$$\nu(S_n \cap A) = \nu_n(A) = \int_A f_n \, d\mu_n = \int_{S_n \cap A} f_n \, d\mu, \quad n \in \mathbf{N},$$

so folgt aus der Eindeutigkeit

$$f_{n+1} = f_n \;\mu - \text{f.ü. auf } S_n, \forall n \in \mathbf{N}.$$

Es gibt also eine $\mathcal{A}$-meßbare Funktion $f : \Omega \to \mathbf{R}_+$ mit $f = f_n$ μ-f.ü. auf S_n für alle $n \in \mathbf{N}$ und somit (B. Levi)

$$\nu(A) \searrow \nu(S_n \cap A) = \int_{S_n \cap A} f_n \, d\mu = \int_A \chi_{S_n} \cdot f \, d\mu \nearrow \int_A f \, d\mu; \forall A \in \mathcal{A}.$$

Wir können also im weiteren Beweis o.E. μ und ν endlich annehmen und setzen zunächst sogar $\nu \leq \mu$ (punktweise auf $\mathcal{A}$) voraus. Nach Satz 2 haben wir dann die stetigen Inklusionen $\mathcal{L}^2(\mu) \subset \mathcal{L}^2(\nu) \subset \mathcal{L}^1(\nu)$ und erhalten ein wohldefiniertes stetiges lineares Funktional

$$\varphi : L^2(\mu; \mathbf{R}) \to \mathbf{R} : \varphi(g) := \int g \, d\nu$$

mit

$$|\varphi(g)| \leq \|g\|_{L^1(\mu)} \leq \sqrt{\mu(\Omega)} \|g\|_{L^2(\mu)}.$$

Nach dem Riesz'schen Satz über die Darstellung stetiger linearer Funktionale auf Hilberträumen gibt es nun ein $f \in L^2(\mu)$ mit

$$\int g \, d\nu = \langle g, f \rangle_{L^2(\mu)} = \int f g \, d\mu, \quad \forall g \in L^2(\mu).$$

Speziell für $g = \chi_A, A \in \mathcal{A}$, ist dies die behauptete Darstellung von ν durch eine μ-Dichte; daß $f \geq 0$ μ-f.ü. sein muß, ergibt sich nebenbei (durch Einsetzen von $A := \{f \leq 0\}$):

$$0 \leq \int f_- \, d\mu = - \int_A f \, d\mu = -\nu(A) \leq 0, \Rightarrow f_- = 0 \;\; \mu - \text{f.ü..}$$

Endlich folgt auch der allgemeine Fall $\nu \ll \mu$ durch Anwendung des gerade gezeigten auf $\nu \leq \mu + \nu$ bzw. $\mu \leq \mu + \nu$ (mit dem Maß

$$\mu + \nu : \mathcal{A} \to \mathbf{R}_+ : (\mu + \nu)(A) = \mu(A) + \nu(A)) :$$

Hiernach existieren $0 \leq g, h \in \mathcal{L}^1(\mu + \nu)$ mit

$$\mu(A) = \int_A g \, d(\mu + \nu) \; \& \; \nu(A) = \int_A h \, d(\mu + \nu).$$

Bilden wir hiermit die meßbare Funktion

$$f : \Omega \to \mathbf{R}_+ : f(x) := \frac{h(x)}{g(x)}, \;\; \text{wo } g(x) \neq 0, \text{ und } f(x) = 0 \text{ sonst },$$

so gilt $\mu(\{g = 0\}) = \int_{\{g=0\}} g \, d(\mu + \nu) = 0$ und also nach Voraussetzung auch $\nu(\{g = 0\}) = 0$. Es folgt

$$\nu(A) = \nu(A \cap \{g \neq 0\}) = \int_{A \cap \{g \neq 0\}} h \, d(\mu + \nu) = \int_{A \cap \{g \neq 0\}} fg \, d(\mu + \nu) =$$

$$= \int_A fg \, d(\mu + \nu) = \int_A f \, d\mu, \;\; \forall \in \mathcal{A},$$

letzters nach § 9 Satz 1. Damit ist alles gezeigt.

$$\blacksquare$$

Bemerkung: Schon die Regel § 9 Satz 1 über das Rechnen mit Dichten legte es nahe, ein Maß ν mit μ-Dichte f in der Form $\nu = f \cdot \mu$ zu schreiben. Eine alternative Schreibweise hierfür ist auch $f = \frac{d\nu}{d\mu}$, und man nennt f entsprechend auch die *Radon-Nikodym-Ableitung von ν nach μ*. Für Maße auf $\mathbf{R}^d$ gibt es eine Differentiationstheorie, die diese Bezeichnung noch weiter rechtfertigt (vgl. Dunford-Schwartz [2],Kap III. 12).

Die Rechenregel § 9 Satz 1 für Dichten läßt sich auch als *Kettenregel* für die Radon-Nikodym-Ableitungen lesen:

$$(\nu = f \cdot \mu \,\&\, \mu = g \cdot \rho) \Rightarrow \nu = f \cdot g \cdot \rho.$$

Der letzte Schluß des vorigen Beweises zeigt offenbar, daß

$$(\nu = f \cdot \mu \,\&\, \mu \ll \nu) \Rightarrow \mu = \frac{1}{f} \cdot \nu,$$

wobei $\frac{1}{f}(x) := \frac{1}{f(x)}$, wo $f(x) \neq 0$ ist, und $= 0$ sonst.

Das Beispiel des Zählmaßes ζ auf überabzählbaren Mengen zeigt die Notwendigkeit der σ-Endlichkeit von μ (und damit von $\nu = f \cdot \mu$) im Satz von Radon-Nikodym: Zwar ist jedes Maß $\nu \ll \zeta$, aber $\nu = f \cdot \zeta$ impliziert nach § 9 Satz 3

$$\nu(A) = \sum_{x \in A} f(x) = \sum_{x \in A} \nu(\{x\})$$

(falls jedes $\{x\} \in \mathcal{A}$). Dies ist z.B. für das Lebesgue-Maß ν auf $[0, 1]$ nicht erfüllt.

§ 11. Produktmaße und Satz von Fubini.

In diesem Paragraphen wird aus zwei (und damit induktiv aus endlich vielen) σ- endlichen Maßräumen $(\Omega_i; \mathcal{A}_i; \mu_i), i = 1, 2$, ein „Produktmaßraum" $(\Omega_1 \times \Omega_2; \mathcal{A}_1 \otimes \mathcal{A}_2; \mu_1 \otimes \mu_2)$ konstruiert. Der Hauptsatz des Paragraphen (von Fubini-Tonelli) sagt insbesondere, daß Integrale bzgl. $\mu_1 \otimes \mu_2$ durch iterierte Integration erst nach μ_1, dann nach μ_2 oder umgekehrt berechnet werden können. Im Spezialfall erhält man das n-dimensionale Lebesguemaß λ_n als n-faches Produktmaß des in § 6 definierten 1-dimensionalen Lebesguemaßes. Wir stellen eine Reihe von Eigenschaften dieses Maßes zusammen, die insbesondere $\lambda_n(A)$ als geeignete Maßzahl für das n-dimensionale Volumen einer Menge A ausweisen.

Definition: Seien $(\Omega_i; \mathcal{A}_i; \mu_i), 1 \leq i \leq r$, σ- endliche Maßräume. Auf dem Cartesischen Produkt $\Omega := \Omega_1 \times \ldots \times \Omega_r$ bezeichne

$$\mathcal{Z} := \{A_1 \times \ldots \times A_r : A_i \in \mathcal{A}_i; 1 \leq i \leq r\}$$

die Gesamtheit der *Zylindermengen* (zu den σ-Algebren $\mathcal{A}_i$) und

$$\mathcal{A}(\mathcal{Z}) =: \mathcal{A}_1 \otimes \ldots \otimes \mathcal{A}_r$$

die *Produkt-σ-Algebra* (der $\mathcal{A}_i$) auf Ω. Dann heißt ein Maß μ auf $\mathcal{A}_1 \otimes \ldots \otimes \mathcal{A}_r$ mit

$$\mu(A_1 \times \ldots \times A_r) = \mu_1(A_1) \cdot \ldots \cdot \mu_r(A_r); A_i \in \mathcal{A}_i, 1 \leq i \leq r$$

das *Produktmaß* der μ_i (geschrieben auch $\mu = \mu_1 \otimes \ldots \otimes \mu_r$).

Beispiel: Ist für $1 \leq i \leq r$ jeweils $\Omega_i = \mathbf{R}$ und $\mathcal{A}_i = \mathcal{B}(\mathbf{R})$, so wird nach § 4 Beispiel 1 die Produkt-σ-Algebra $\mathcal{A}_1 \otimes \ldots \otimes \mathcal{A}_r$ gerade die Borel σ-Algebra $\mathcal{B}(\mathbf{R}^r)$.

Wir zeigen im folgenden Existenz und Eindeutigkeit des Produktmaßes für $r = 2$; der Fall beliebiger $r \in \mathbf{N}$ ergibt sich daraus leicht durch Induktion.

Bemerkung: Die von $\mathcal{Z}$ erzeugte Algebra $\mathcal{A}_0(\mathcal{Z})$ besteht genau aus allen endlichen, disjunkten Vereinigungen von Zylindermengen.

Denn: $\mathcal{Z}$ und damit auch die Gesamtheit $\mathcal{M}$ aller endlichen, disjunkten Vereinigungen von Zylindermengen ist offenbar stabil gegen endliche Durchschnittsbildung. Andererseits ist für $A_1 \times A_2 \in \mathcal{Z}$

$$C(A_1 \times A_2) = (CA_1 \times \Omega_2) \cup (\Omega_1 \times CA_2) = (CA_1 \times \Omega_2) \cup (A_1 \times CA_2) \in \mathcal{M},$$

somit $\mathcal{M}$ komplementiert, also Mengenalgebra, und natürlich $\mathcal{Z} \subset \mathcal{M} \subset \mathcal{A}_0(\mathcal{Z})$.

∎

Lemma 1: *Sei* $f : \Omega \to \mathbf{R}_+$ $\mathcal{A}_1 \otimes \mathcal{A}_2$*-meßbar. Dann gilt*

  i) Jede der partiellen Funktionen $f(x, \cdot) : \Omega_2 \to \mathbf{R}_+$ *ist* $\mathcal{A}_2$*-meßbar.*

  ii) $x \mapsto \int f(x, \cdot) d\mu_2 =: \int f(x, y) \mu_2(dy)$ *ist* $\mathcal{A}_1$*- meßbar.*

Beweis: Man kann o.E. μ_2 endlich annehmen, indem man im bloß σ-endlichen Fall eine Folge $\mathcal{A} \ni S_n \nearrow \Omega_2$ mit $\mu_2(S_n) < \infty$ wählt und die Aussage also zunächst für die endlichen Maße $\mu_2(S_n \cap \cdot)$ hat, woraus aber mit B. Levi und dem Permanenzsatz für meßbare Funktionen (§ 5) sofort bei $n \to \infty$ der allgemeine Fall folgt. Bei endlichem μ_2 ist

$$\mathcal{M} := \{A \in \mathcal{A}_1 \otimes \mathcal{A}_2 : \chi_A \text{ erfüllt i) \& ii)}\}$$

ein σ- und δ-stabiles Mengensystem, das trivialerweise alle Zylinder-Mengen enthält $(\chi_{A_1 \times A_2}(x, y) = \chi_{A_1}(x) \chi_{A_2}(y))$, und dann auch $\mathcal{A}_0(\mathcal{Z})$ nach der Bemerkung; also ist $\mathcal{M} = \mathcal{A}_1 \otimes \mathcal{A}_2$ (Monotone-Klasse-Argument § 4). Damit gilt die Behauptung für Stufenfunktionen $f \geq 0$ und daraus durch monotone Approximation wie üblich allgemein.

∎

Lemma 2: *Es gibt genau ein Produktmaß* $\mu_1 \otimes \mu_2 : \mathcal{A}_1 \otimes \mathcal{A}_2 \to \overline{\mathbf{R}}_+$ *der* σ*-endlichen Maße* μ_i *auf* $\mathcal{A}_i, i = 1, 2$*. Dieses ist gegeben durch*

$$(\mu_1 \otimes \mu_2)(A) = \int \left(\int \chi_A(x, y) \mu_2(dy) \right) \mu_1(dx) =: \int \mu_1(dx) \int \mu_2(dy) \chi_A(x, y).$$

Beweis: Nach Lemma 1 wird durch diese Formel eine additive Mengenfunktion auf $\mathcal{A}_1 \otimes \mathcal{A}_2$ definiert, die nach B. Levi auch σ-stetig von unten und also σ-additiv ist. Sie hat überdies die gewünschten Werte $(\mu_1 \otimes \mu_2)(A_1 \times A_2) = \mu_1(A_1) \mu_2(A_2)$ auf Zylindermengen. Die Eindeutigkeit folgt sofort (wegen σ-Endlichkeit von $\mu_1 \& \mu_2$!) aus dem Eindeutigkeitssatz (§ 6 Satz 2).

∎

Satz 1 *(Fubini-Tonelli): Seien $(\Omega_i; \mathcal{A}_i; \mu_i)$, $i = 1, 2$, σ-endliche Maßräume und $\mu = \mu_1 \otimes \mu_2$ das nach Lemma 2 eindeutig existierende Produktmaß auf $\mathcal{A}_1 \otimes \mathcal{A}_2$ (ebenfalls σ-endlich!). Dann gilt für eine $\mathcal{A}_1 \otimes \mathcal{A}_2$- meßbare Funktion $f : \Omega_1 \times \Omega_2 \to \mathbf{C}$:*

    i)   *Es existiert und gilt (in $\overline{\mathbf{R}}_+$)*

$$\int |f|\,d\mu = \int \mu_1(dx) \int \mu_2(dy)|f(x,y)| =$$

$$= \int \mu_2(dy) \int \mu_1(dx)|f(x,y)|.$$

    ii) *Ist f μ-integrierbar (also $\int |f|\,d\mu < \infty$), so gilt weiter*
      a) $N := \{x \in \Omega_1 : \int |f(x,y)|\mu_2(dy) = \infty\} \in \mathcal{A}_1$ ist
μ_1*-Nullmenge.*

      b) Die (nach a) wohldefinierte) Funktion $g : \Omega_1 \to \mathbf{C}$ mit

$$g(x) = \begin{cases} \int f(x,y)\mu_2(dy) & \text{für } x \notin \mathbf{N} \\ 0 & \text{für } x \in \mathbf{N} \end{cases} .$$

ist μ_1-integrierbar.

    c) $\int g\,d\mu_1 =: \int \mu_1(dx) \int \mu_2(dy)f(x,y) = \int f\,d\mu$.

    iii) *Die zu ii) analogen Aussagen gelten bei umgekehrter Integrationsfolge; insbesondere hat man für μ-integrierbare wie auch für beliebige nicht-negative $\mathcal{A}_1 \otimes \mathcal{A}_2$ - meßbare Funktionen f die Formel*

$$\boxed{\int f\,d\mu = \int \mu_1(dx) \int \mu_2(dy)f(x,y) = \int \mu_2(dy) \int \mu_1(dx)f(x,y)} .$$

Beweis: iii) folgt mit i) und ii) aus Symmetriegründen. Weiter gilt im Falle $f \geq 0$ nach Lemma 2

$$\int f\,d\mu = \int \mu_1(dx) \int \mu_2(dy)f(x,y)$$

für Indikatorfunktionen $f = \chi_A$, $A \in \mathcal{A}_1 \otimes \mathcal{A}_2$, dann aber auch für $\mathcal{A}_1 \otimes \mathcal{A}_2$-Stufenfunktionen $f \geq 0$ und schließlich allgemein (monotone Approximation). Damit ist insbesondere i), aber auch ii) für $f \geq 0$ gezeigt (beachte § 8 Satz 2 über f.ü.-Abhängigkeit des Integranden vom Integral). Da andererseits offensichtlich die Gesamtheit der μ-integrierbaren Funktionen

mit den Eigenschaften a) - c) von ii) ein Vektorraum ist, gilt ii) schließlich
für beliebige μ-integrierbare f.

$\blacksquare$

Bemerkung: Alles dies verallgemeinert sich sofort induktiv auf beliebig
n-fache ($n \in \mathbf{N}$) Produkte.

Beispiel: $(\Omega_i; \mathcal{A}_i; \mu_i) = (\mathbf{R}; \text{Borel-}\sigma\text{-Algebra}; \text{Lebesguemaß}); 1 \leq i \leq n$.

Dann ist also $\mathcal{A}_1 \otimes \ldots \otimes \mathcal{A}_n = \mathcal{B}(\mathbf{R}^n)$, und $\lambda_n := \mu_1 \otimes \ldots \otimes \mu_n$ heißt das
n-dimensionale Lebesguemaß. Wir schreiben dann auch

$$\int f\, d\lambda_n =: \int f(x)dx =: \int f(x_1, \ldots, x_n)dx_1 \ldots dx_n.$$

$\lambda_n(A)$ für $A \in \mathcal{B}$ heißt das *n-dimensionale Volumen* von A (für $n = 1$ auch
Länge, für $n = 2$ Fläche, für $n = 3$ Volumen). Dies wird durch folgende
Tatsachen gerechtfertigt (wir schreiben bei fixiertem n häufig kurz λ statt
λ_n):

    i) Für Quader $A = I_1 \times \ldots \times I_n$ (also mit $I_k \subset \mathbf{R}$ Intervall) ist
$\lambda(A)=$Länge $(I_1) \cdot \ldots \cdot$ Länge (I_n) (als Produktmaß).

    ii) Ist $A \subset \mathbf{R}^n$ offen, so nach § 4 Beispiel **1** darstellbar als $A = \bigcup_1^\infty W_k$ mit kompakten Würfeln W_k mit paarweise disjunktem Inneren
int W_k. Wegen $\lambda(W_k) = \lambda$ (int W_k) (nach i)) folgt

$$\sum_1^\infty \lambda(W_k) = \sum_1^\infty \lambda(\text{ int } W_k) = \lambda(\bigcup_1^\infty \text{ int } W_k) \leq \lambda(A) \leq \sum_1^\infty \lambda(W_k),$$

also $\lambda(A) = \sum_1^\infty \lambda(W_k)$.

    iii) *(Invarianzeigenschaften des Lebesguemaßes):* Für alle $A \in \mathcal{B}$ gilt

Translationsinvarianz: $\lambda(A) = \lambda(A + a); \forall a \in \mathbf{R}^n$

Homogenität: $\lambda(\alpha \cdot A) = |\alpha|^n \lambda(A); \forall \alpha \in \mathbf{R}$

(Evident für Zylindermengen und daher allgemein wegen Eindeutigkeit
des Produktmaßes).

    iv) *(Cavalieri-Prinzip):* Für $A \in \mathcal{B}$ bezeichne jeweils

$$A_t := \{(x_1, \ldots, x_{n-1}) \in \mathbf{R}^{n-1} : (x_1, \ldots, x_{n-1}, t) \in A\}$$

die zu $t \in \mathbf{R}$ gehörige *Schnittmenge*. Nach Lemma 1. i) ist $A_t \in \mathcal{B}(\mathbf{R}^{n-1})$, so daß wir ihr $(n-1)$-dimensionales Volumen $\lambda_{n-1}(A_t)$ bilden können. Gemäß Lemma 2 besteht folgender Zusammenhang mit dem n-dimensionalen Volumen $\lambda_n(A)$:

$$\boxed{\lambda_n(A) = \int_{\mathbf{R}} \lambda_{n-1}(A_t)dt}.$$

Dieses Prinzip ist vor allem nützlich bei der Berechnung der Volumina von Mengen mit geometrischen Symmetrien, z.B. $A = $ Kegel in $\mathbf{R}^n$ der Höhe h über der Basis $B \subset \mathbf{R}^{n-1}$

$$A = \{((1 - \frac{t}{h})x, t) : x \in B; \quad 0 \le t \le h\}, \Rightarrow$$

$$A_t = (1 - \frac{t}{h})B \text{ für } 0 \le t \le h, \; = \emptyset \text{ sonst } ;$$

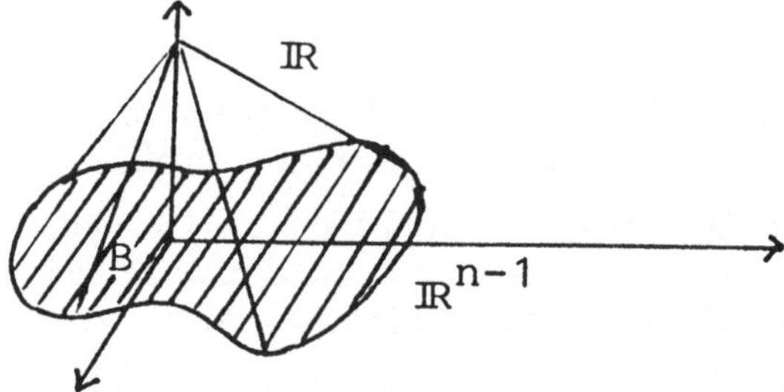

also ist $\lambda_{n-1}(A_t) = (1 - \frac{t}{h})^{n-1}\lambda_{n-1}(B)$ (Homogenität) für $0 \le t \le h$, und damit nach dem Cavalieri-Prinzip

$$\lambda_n(A) = \lambda_{n-1}(B) \cdot \int_0^h (1 - \frac{t}{h})^{n-1}dt = \lambda_{n-1}(B) \cdot \frac{h}{n}.$$

v) Aus i) folgt sofort, daß das Volumen beschränkter Borelmengen endlich ist und daß das Volumen nicht-leerer offener Mengen strikt positiv ist. Diese letztere Tatsache, zusammen mit dem folgenden Satz (daß nämlich das n-dimensionale Volumen m-dimensionaler Mengen für $m < n$ gleich 0 ist), rechtfertigt insbesondere den Zusatz „n-dimensionales" Volumen:

Satz 2 *(n-dimensionale Lebesgue-Nullmengen): Für eine meßbare Funktion $f : D \to \mathbf{R}$ mit meßbarem Definitionsbereich $D \in \mathcal{B}(\mathbf{R}^{n-1})$ ist*

$$\text{Graph}(f) := \{(x, f(x)) : x \in D\} \in \mathcal{B}(\mathbf{R}^n)$$

und hat n-dimensionales Volumen $\lambda_n(\text{Graph}\,(f)) = 0$. Insbesondere gilt $\lambda_n(H) = 0$ für jede Hyperebene $H \subset \mathbf{R}^n$.

Beweis: Der Zusatz ergibt sich als Spezialfall, da

$$H = \{\varphi = \alpha\} \text{ für ein lineares } \varphi : \mathbf{R}^n \to \mathbf{R}, \varphi \neq 0, \text{ und ein } \alpha \in \mathbf{R}.$$

Ist etwa $\varphi(x) = \sum_1^n a_k x_k$ mit $a_n \neq 0$, so wird $H = \text{Graph}\,(f)$ für

$$f : \mathbf{R}^{n-1} \to \mathbf{R} : f(x_1, \ldots, x_{n-1}) = -\frac{1}{a_n}\left(\sum_1^{n-1} a_k x_k - \alpha\right).$$

Zum Beweis der ersten Aussage kann o.E. $D = \mathbf{R}^{n-1}$ angenommen werden: ist dies nicht von vornherein so, dann setze man f durch 0-Setzen außerhalb D zu einer, wegen Meßbarkeit von D wieder meßbaren, Funktion $\tilde{f} : \mathbf{R}^{n-1} \to \mathbf{R}$ fort, wofür dann $\text{Graph}\,(f) = (D \times \mathbf{R}) \cap \text{Graph}\,(\tilde{f})$ gilt, womit sich die Behauptung von $\tilde{f}$ auf f überträgt. - Nunmehr bilden wir mit Hilfe der linearen, also stetigen und insbesondere meßbaren Projektionen

$$P : \mathbf{R}^n \to \mathbf{R}^{n-1} : P(x) = (x_1, \ldots, x_{n-1}); \; Q : \mathbf{R}^n \to \mathbf{R} : Q(x) = x_n$$

die (also wiederum meßbare) Funktion

$$g := f \circ P - Q : \mathbf{R}^n \to \mathbf{R}, g(x) = f(x_1, \ldots, x_{n-1}) - x_n.$$

Damit wird

$$\text{Graph}\,(f) := \{x \in \mathbf{R}^n : x_n = f(x_1, \ldots, x_{n-1})\} = \{g = 0\} \in \mathcal{B}(\mathbf{R}^n).$$

Ferner ist für die Indikatorfunktion χ des Graphen von f wegen

$$\chi(x_1, \ldots, x_{n-1}, t) = 0 \text{ für } t \neq f(x_1, \ldots, x_{n-1})$$

auch

$$\int_{\mathbf{R}} \chi(x_1, \ldots, x_{n-1}, t)dt = 0, \forall (x_1, \ldots, x_{n-1}) \in \mathbf{R}^{n-1},$$

und somit

$$\lambda_n(\mathrm{Graph}\,(f)) = \int\limits_{\mathbf{R}^{n-1}} dx_1 \cdot \ldots \cdot dx_{n-1} \int\limits_{\mathbf{R}} dt\chi(x_1,\ldots,x_{n-1},t) = 0.$$

∎

Bemerkung: Die Notwendigkeit der im Satz von Fubini-Tonelli gemachten σ-Endlichkeitsvoraussetzung sieht man (wieder) am Beispiel des Zählmaßes. Ist $\Omega_1 = \Omega_2 = [0,1]$ mit $\mathcal{A}_1 = \mathcal{A}_2 = \mathcal{B}([0,1])$, λ das 1-dimensionale Lebesguemaß und ζ das Zählmaß, so wird die Aussage iii) von Satz 1 falsch schon für $f(x,y) := 1$, falls $x = y$, und $= 0$ sonst:

$$\int \lambda(dx) \int \zeta(dy) f(x,y) = \int \lambda(dx)1 = 1,$$
$$\int \zeta(dy) \int \lambda(dx) f(x,y) = \int \zeta(dy)0 = 0.$$

Dabei ist f als Indikatorfunktion des Graphen der Identität $x \mapsto x$ auf $[0,1]$ nach Satz 2 $\mathcal{B}([0,1] \times [0,1])(= \mathcal{B}(\mathbf{R}^2) \cap ([0,1] \times [0,1]))$-meßbar.

§ 12. Der Substitutionssatz.

Die schon gezeigten Eigenschaften der Translationsinvarianz und Homogenität des n-dimensionalen Lebesguemaßes λ sind Spezialfälle einer Transformationsformel, die das Bildmaß von λ unter beliebigen C^1-Diffeomorphismen (d.h. stetig differenzierbaren Bijektionen einer offenen Teilmenge des $\mathbf{R}^n$ auf eine ebensolche mit stetig differenzierbarer Umkehrung) beschreibt und die 1-dimensionale Substitutionsregel (§ 2 Satz 3) i.w. verallgemeinert. Wir geben zwei Varianten (*) und (**) dieser Formel und diskutieren als Anwendungen Polar- und Kugelkoordinaten, nebst einer einfachen Konsequenz für singuläre Integrale der Form $\int_A \frac{|f(x)|}{\|x-a\|^\alpha} dx$. Weitere Beispiele, etwa Zylinderkoordinaten,elliptische Polarkoordinaten usw., findet man in den Lehrbüchern der Analysis, z.B. Heuser [5] Kap XXIII 206.

Satz 1 *(Substitutionssatz für das Lebesguemaß): Ist $\Phi : U \to \mathbf{R}^n$ ein C^1-Diffeomorphismus (einer nicht-leeren offenen Menge $U \subset \mathbf{R}^n$ auf eine offene Menge $\Phi(U) \subset \mathbf{R}^n$), so gilt auf den Borelmengen von U*

$$(*) \qquad \boxed{\lambda \circ \Phi = |\det D\Phi(\cdot)| \cdot \lambda} \quad .$$

Hier steht links das Maß $A \mapsto \lambda(\Phi(A))$ auf $\mathcal{B}(U)$ (also das *Bildmaß* des Lebesguemaßes λ unter Φ^{-1}, § 9) und rechts das Maß $A \mapsto \int_A |\det D\Phi(x)| dx$, das Maß auf $\mathcal{B}(U)$ mit der Dichte $x \mapsto |\det D\Phi(x)|$ (Jacobi-Determinante) bezüglich λ (§ 9). Aufgrund der in § 9 gezeigten Aussagen über Integrierbarkeit und Integrale nach Bildmaßen bzw. Maßen mit Dichten besagt (*) ausführlich:
Sei $f : \Phi(U) \to \mathbf{C}$ meßbar; f ist λ-integrierbar über $\Phi(U)$ genau dann, wenn $(f \circ \Phi) \cdot |\det D\Phi| : U \to \mathbf{C}$ λ-integrierbar über U ist, und dann gilt

$$(**) \qquad \boxed{\int_{\Phi(U)} f\, dx = \int_U (f \circ \Phi)|\det D\Phi| dx} \quad .$$

In etwas rezeptmäßiger Form kann man die Transformationsformel auch so ausdrücken: Bei der Variblensubstitution $y = \Phi(x)$ im Integral $\int_{\Phi(U)} f(y) dy$ hat man zu überführen

1. den Integranden $(\chi_{\Phi(U)} \cdot f)(y)$ in $(\chi_{\Phi(U)} \cdot f)(\Phi(x)) = \chi_U(x) \cdot f(\Phi(x))$,
2. das „Volumenelement" dy in $|\det D\Phi(x)| dx$.

Wir betrachten zunächst einige *Spezialfälle* und stellen den Beweis bis zum Ende des Paragraphen zurück.

1 Zunächst liefert (*) sofort wieder die schon bekannte Translationsinvarianz bzw. Homogenität des Lebesguemaßes, zusätzlich auch die *Drehinvarianz*

$$\lambda(T(A)) = \lambda(A), \forall A \in \mathcal{B}(\mathbf{R}^n)$$

für $T \in \text{Lin}(\mathbf{R}^n)$ Drehung (also $\det DT = \det T = 1$).

2 Ein Diffeomorphismus Φ führt λ-Nullmengen in λ-Nullmengen über (direkt aus (*) ersichtlich).

3 $(n = 1)$: Der 1-dimensionale Spezialfall - $U =]\alpha, \beta[\subset \mathbf{R}$ offenes Intervall, $\Phi :]\alpha, \beta[\to \mathbf{R}$ stetig differenzierbar & streng monoton - besagt

$$\int\limits_{\Phi(]\alpha,\beta[)} f(y)dy = \pm \int\limits_{\Phi(\alpha)}^{\Phi(\beta)} f(y)dy = \int\limits_{\alpha}^{\beta} (f \circ \Phi)(x)|\Phi'(x)|dx$$

$$= \pm \int\limits_{\alpha}^{\beta} (f \circ \Phi)(x)\Phi'(x)dx,$$

im Einklang mit der Substitutionsregel (§ 2 Satz 3); hier bezieht sich das positive Zeichen auf den wachsenden Fall, das negative auf den fallenden.

4 $(n = 2)$: *Polarkoordinaten*

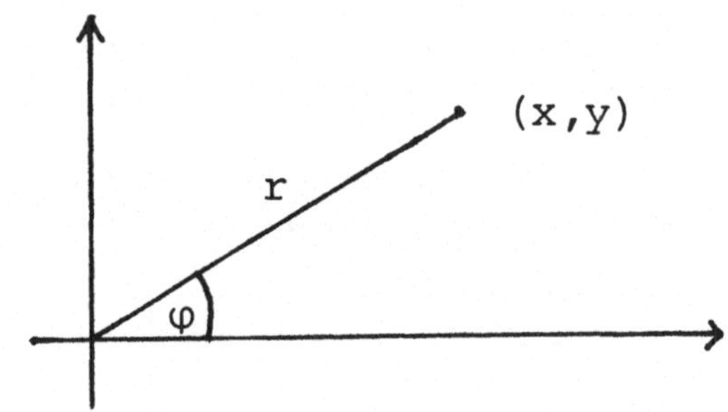

$$U := \{(r, \varphi) : r > 0; 0 < \varphi < 2\pi\}$$

$$\Phi := U \to \mathbf{R}^2 : \Phi(r, \varphi) = (r\cos\varphi, r\sin\varphi).$$

Φ ist injektiv und C^∞. Die Jacobi-Matrix (= Matrix von $D\Phi$) ist

$$J\Phi(r, \varphi) = \begin{pmatrix} \cos\varphi, & -r\sin\varphi \\ \sin\varphi, & r\cos\varphi \end{pmatrix}, \Rightarrow \det D\Phi(r, \varphi) = r > 0.$$

Ferner ist $C\Phi(U) \subset \{(x,y) : y = 0\}$, also 2-dimensionale λ- Nullmenge gemäß § 11 Satz 2, daher $\int_{\Phi(U)} f\, dx = \int_{\mathbf{R}^2} f\, dx$. Damit spezialisiert sich

$$(**) \qquad \boxed{\int\limits_{\mathbf{R}^2} f(x,y)dxdy = \int\limits_{U} f(r\cos\varphi, r\sin\varphi)rdrd\varphi}$$

$$= \int\limits_0^{2\pi} d\varphi \int\limits_0^\infty f(r\cos\varphi, r\sin\varphi)rdr \qquad \text{(Fubini)}\, .$$

Beispiel:

$$\boxed{\frac{1}{\sqrt{2\pi}} \int\limits_{-\infty}^\infty e^{-\frac{x^2}{2}}dx = 1 = \frac{1}{\sqrt{2\pi}} \int\limits_{-\infty}^\infty x^2 e^{-\frac{x^2}{2}}dx}\, .$$

Denn:

$$\Big(\int\limits_{-\infty}^\infty e^{-\frac{x^2}{2}}dx\Big)^2 = \Big(\int\limits_{-\infty}^\infty e^{-\frac{x^2}{2}}dx\Big)\Big(\int\limits_{-\infty}^\infty e^{-\frac{y^2}{2}}dy\Big) = \int\limits_{\mathbf{R}^2} e^{-\frac{x^2+y^2}{2}}dxdy \quad \text{(Fubini)}$$

$$\overset{(**)}{=} 2\pi \int\limits_0^\infty e^{-\frac{r^2}{2}}rdr = 2\pi\Big[-e^{-\frac{r^2}{2}}\Big]_0^\infty = 2\pi,$$

also $\int_{-\infty}^\infty e^{-\frac{x^2}{2}}dx = \sqrt{2\pi}$. Hieraus ergibt sich auch das 2. Integral durch partielle Integration: Für $g(x) := e^{-\frac{x^2}{2}}$ ist $g'(x) = -x \cdot g(x)$, also

$$\int\limits_{-\infty}^\infty x^2 e^{-\frac{x^2}{2}}dx = -\int\limits_{-\infty}^\infty x \cdot g'(x)dx = \big[-x \cdot g(x)\big]_{-\infty}^\infty + \int\limits_{-\infty}^\infty g(x)dx = \sqrt{2\pi}.$$

∎

Bemerkung: Für die *n-dimensionale Gauß-Dichte*

$$g : \mathbf{R}^n \to \mathbf{R} : g(x) := \frac{1}{(2\pi)^{n/2}}e^{-\frac{\|x\|^2}{2}} = \Pi_{k=1}^n \frac{1}{\sqrt{2\pi}}e^{-\frac{x_k^2}{2}}$$

folgt nun (Fubini) ebenfalls $\int_{\mathbf{R}^n} g(x)dx = 1$. Die zugehörige Schar der

$$g_\varepsilon : g_\varepsilon(x) = \frac{1}{\varepsilon^n}g(\frac{x}{\varepsilon}), \quad \varepsilon > 0,$$

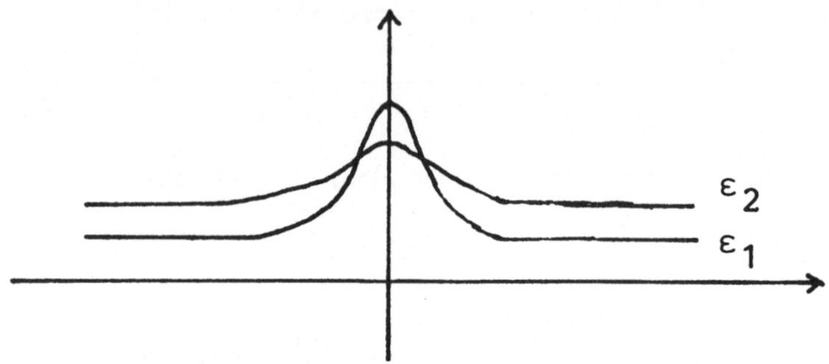

ist eine *„Approximation der δ-Funktion"* d.h. $\int g_\varepsilon(x)f(x)dx \to f(0)$ mit $\varepsilon \to 0$ für jedes stetige beschränkte $f : \mathbf{R}^n \to \mathbf{C}$,

$$\textbf{denn:} \quad \int g_\varepsilon(x)f(x)dx = \int g(x)f(\varepsilon x)dx \quad \text{(Homogenität)}$$

$$\to f(0) \qquad \text{(majorierte Konvergenz)} \ .$$

∎

5   $(n = 3)$: *Kugelkoordinaten:*

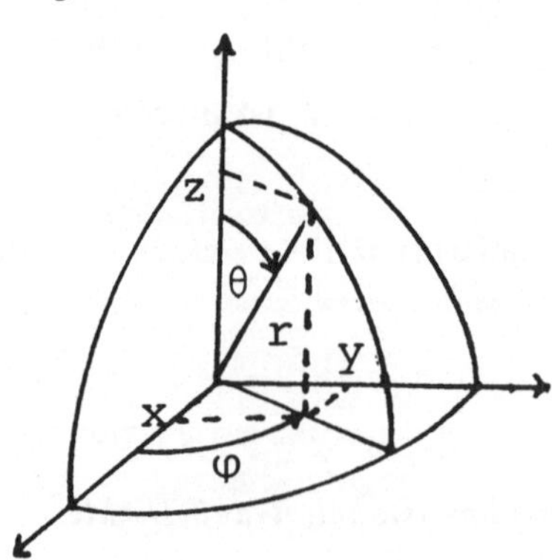

$$U := \{(r,\theta,\varphi) : r > 0; 0 < \theta < \pi, 0 < \varphi < 2\pi\}$$

$$\Phi : U \to \mathbf{R}^3 : \Phi(r,\theta,\varphi) = (r\sin\theta\cos\varphi, r\sin\theta\sin\varphi, r\cos\theta).$$

Offenbar ist Φ injektiv und C^∞. Die Jacobi-Matrix ist

$$(J\Phi)(r,\theta,\varphi) = \begin{pmatrix} \sin\theta\cos\varphi, & r\cos\theta\cos\varphi, & -r\sin\theta\sin\varphi \\ \sin\theta\sin\varphi, & r\cos\theta\sin\varphi, & r\sin\theta\cos\varphi \\ \cos\theta, & -r\sin\theta, & 0 \end{pmatrix}$$

also $\det D\Phi(r,\theta,\varphi) = r^2\sin\theta (> 0$ für $0 < \theta < \pi)$.

Ferner ist $\mathsf{C}\Phi(U) \subset \{(x,y,z) : y = 0\}$, also 3-dimensionale λ-Nullmenge gemäß § 11 Satz 2, somit $\int_{\mathbf{R}^3} f\,dx = \int_{\Phi(U)} f\,dx$. Es spezialisiert sich

$$(**) \qquad \boxed{\int\limits_{\mathbf{R}^3} f\,dx = \int\limits_{U} f(r\sin\theta\cos\varphi, r\sin\theta\sin\varphi, r\cos\theta)r^2\sin\theta\,dr\,d\theta\,d\varphi}$$

Beispiel: $A = \{x \in \mathbf{R}^3 : \|x\| \leq R\}$ abgeschlossene Kugel vom Radius $R > 0$ mit $\|x\| = \sqrt{x_1^2 + x_2^2 + x_3^2}$ der Euklidischen Norm im $\mathbf{R}^3$).
Sie hat das Volumen

$$\lambda(A) = \int\limits_{\mathbf{R}^3} \chi_A\,dx = \int\limits_0^R dr\,r^2 \int\limits_0^\pi d\theta\sin\theta \int\limits_0^{2\pi} d\varphi =$$

$$= \frac{R^3}{3}\cdot\left[(-\cos\theta)\right]_0^\pi \cdot 2\pi = \frac{4\pi}{3}R^3.$$

Bemerkung: Kugelkoordinaten sind immer dann von Interesse, wenn der Integrand (volle oder partielle) Kugelsymmetrie aufweist, also vor allem im Falle $f(x) = h(\|x\|)$. Wir können dies, sogar ohne explizite Kenntnis von Kugelkoordinaten, bei beliebiger Dimension $n \in \mathbf{N}$ zeigen:
Bezeichnet $U_R := \{x \in \mathbf{R}^n : \|x\| \leq R\}$ die n-dimensionale Kugel vom Radius $R > 0$ und v_n das n-dimensionale Volumen $\lambda(U_1)$ der Einheitskugel, so ist zunächst wegen Homogenität des Lebesguemaßes $\lambda(U_R) = \lambda(R\cdot U_1) = R^n v_n$. Dies ist der Spezialfall $r = 0, h = 1$ der folgenden Formel, die bei beliebigen $0 \leq r < R < \infty$ und stetigem $h : [r,R] \to \mathbf{C}$ gilt:

$$\boxed{\int\limits_{\{x\in\mathbf{R}^n : r\leq\|x\|\leq R\}} h(\|x\|)\,dx = n v_n \int\limits_r^R t^{n-1}h(t)\,dt} \quad .$$

Beweis: Nach dem Hauptsatz der Integralrechnung bedeutet dies für

$$g : [r, R] \to \mathbf{C} : g(t) = \int\limits_{\{x:r\leq\|x\|\leq t\}} h(\|x\|)dx \,,$$

daß g differenzierbar ist mit $g'(t) = nv_n t^{n-1} h(t)$. Wir berechnen z.B. die rechtsseitige Ableitung bei $t_0 \in [r, R[$ (Gleiches gilt für die linksseitige Ableitung):

$$g(t) - g(t_0) = \int\limits_{\{x:t_0<\|x\|\leq t\}} (h(t_0) + h(\|x\|) - h(t_0))dx =$$

$$= h(t_0) \cdot v_n \cdot (t^n - t_0^n) + \int\limits_{\{x:t_0<\|x\|\leq t\}} (h(\|x\|) - h(t_0))dx;$$

$$|\int\limits_{\{x:t_0<\|x\|\leq t\}} (h(\|x\|) - h(t_0))dx| \leq \max_{t_0\leq s\leq t} |h(s) - h(t_0)|v_n(t^n - t_0^n).$$

Wegen $\frac{t^n - t_0^n}{t - t_0} \to nt_0^{n-1}$ und $\max_{t_0\leq s\leq t} |h(s) - h(t_0)| \to 0$ mit $t \to t_0$ folgt die Behauptung.

∎

Wir ziehen einige *Konsequenzen* aus obiger Formel:

i) Mit $r \nearrow R$ folgt, daß die Sphäre $S^{n-1} := \{x \in \mathbf{R}^n : \|x\| = R\}$ n-dimensionales Lebesguemaß $\lambda(S^{n-1}) = 0$ hat.

ii) Bei beliebigem $R > 0$ und $\alpha \in \mathbf{R}$ gilt für die *singulären Integrale*

$$\int\limits_{\{x\in\mathbf{R}^n:\|x\|\leq R\}} \frac{dx}{\|x\|^\alpha} \;<\; \infty \Leftrightarrow \alpha < n,$$

$$\int\limits_{\{x\in\mathbf{R}^n:\|x\|\geq R\}} \frac{dx}{\|x\|^\alpha} \;<\; \infty \Leftrightarrow \alpha > n,$$

$$\int\limits_{\{x\in\mathbf{R}^n:\|x\|\leq R\}} \log(\|x\|)dx < \infty.$$

Denn: Für $0 < r < R$ hat man

$$\int\limits_{\{x \in \mathbf{R}^n : r \leq \|x\| \leq R\}} \frac{dx}{\|x\|^\alpha} = n v_n \cdot \begin{cases} \frac{1}{n-\alpha}(R^{n-\alpha} - r^{n-\alpha}) & \text{für } \alpha \neq n \\ \log R - \log r & \text{für } \alpha = n \end{cases},$$

woraus mit $r \to 0$ bzw. $R \to \infty$ die beiden ersten Äquivalenzen folgen. Die letzte Aussage ist evident für $n = 1$ (wo $x \mapsto x \log x - x$ eine Stammfunktion von $\log$ auf $]0, \infty[$ ist); für $n = 2, 3, \ldots$ folgt sie wiederum aus obiger Formel wegen $t^{n-1} \log t \to 0$ bei $t \to 0+$.

∎

iii) $A \in \mathcal{B}(\mathbf{R}^n); f : \mathbf{R}^n \to \mathbf{C}$ meßbar, auf A beschränkt. Dann gilt bei beliebigem $a \in \mathbf{R}^n$ und $\alpha \in \mathbf{R}$

$$\int\limits_A \frac{|f(x)|}{\|x - a\|^\alpha} dx < \infty, \text{ falls } \begin{cases} \alpha < n & \& \ A \text{ beschränkt, oder} \\ \alpha > n & \& \ \operatorname{dist}(a, A) > 0 \end{cases}$$

Denn: Dies folgt sofort aus ii) und der Translationsinvarianz des Lebesgueintegrals.

∎

Es folgt nun der Beweis des Substitutionssatzes.

Beweis: Wir geben einen einfachen Induktionsbeweis nach n. Da der Fall $n = 1$ nach Beispiel **3** in der Substitutionsregel (§ 2 Satz 3) enthalten ist, zeigen wir die Gültigkeit der Formel (*) für $n \geq 2$ unter der Voraussetzung, daß sie für $n = 1$ richtig ist. Vorweg stellen wir fest, daß es genügt, den folgenden *lokalen Spezialfall* zu zeigen: Zu jedem $a \in U$ existiert eine offene Umgebung $V \subset U$ von a so, daß (*) gilt auf $\mathcal{B}(V)$. Denn abzählbar viele solcher V, etwa $V_1, V_2, \ldots$, überdecken U, und ein beliebiges $A \in \mathcal{B}(U)$ schreibt sich als disjunkte Vereinigung

$$A = \bigcup_1^\infty A_k$$

mit $A_1 := A \cap V_1, A_2 := (A \cap V_2) \backslash A_1, A_3 := (A \cap V_3) \backslash (A_1 \cup A_2), \ldots$. Dann sind die $A_k \in \mathcal{B}(V_k)$, also

$$\lambda(\Phi(A_k)) = \int\limits_{A_k} |\det D\Phi| d\lambda, \quad \forall k \in \mathbf{N}$$

und daher wegen σ-Additivität beider Seiten von (*) auch

$$\lambda(\Phi(A)) = \sum_1^\infty \lambda(\Phi(A_k)) = \int_A |\det D\Phi| d\lambda.$$

Wir fixieren also jetzt ein $a \in U$. Da $\det D\Phi(a) \neq 0$, können wir (nach eventueller Umnummerierung der Koordinaten) annehmen, daß $\frac{\partial \Phi_n}{\partial x_n}(a) \neq 0$ ist. Dann hat die C^1-Abbildung

$$R : U \to \mathbf{R}^n : R(x) = (x_1, \dots, x_{n-1}, \Phi_n(x))$$

die Funktionaldeterminante

$$(1) \qquad \det DR(x) = \frac{\partial \Phi_n}{\partial x_n}(x), \neq 0 \text{ für } x = a.$$

R ist also ein lokaler C^1-Diffeomorphismus bei a, d.h. es gibt eine offene Umgebung V von a, die durch R bijektiv, stetig differenzierbar und mit stetig differenzierbarer Umkehrung auf eine offene Menge $W \subset \mathbf{R}^n$ abgebildet wird. Wir bezeichnen von jetzt ab mit R diesen Diffeomorphismus $R : V \to W$, und bilden hiermit weiter

$$S := \Phi \circ R^{-1} : W \to \mathbf{R}^n.$$

Hierfür gilt also

$$(2) \quad S(x_1, \dots, x_{n-1}, \Phi_n(x)) = \Phi(x) \text{ und } \det DS(x) = \frac{\det(D\Phi)(R^{-1}(x))}{\frac{\partial \Phi_n}{\partial x_n}(R^{-1}(x))}$$

(Kettenregel und (1)). S ist (als Zusammensetzung solcher) ebenfalls ein C^1-Diffeomorphismus, und zwar von W auf die offene Menge $\Phi(V)$. Um den Induktionsschritt zu machen, betrachten wir nun für Teilmengen $M \subset \mathbf{R}^n$ die Schnittmengen zu $t \in \mathbf{R}$:

$$M^t := \{y \in \mathbf{R}^{n-1} : (y, t) \in M\}.$$

Dann ist W^t jeweils offen (eventuell leer), und S induziert eine Abbildung

$$S^t : W^t \to \mathbf{R}^{n-1} : S^t(y) = (S_1(y, t), \dots, S_{n-1}(y, t)).$$

Da S nach seiner Definition die n. Koordinate fest läßt, gilt $S(y,t) = (S^t(y),t)$ für $y \in W^t$, woraus folgt, daß auch S^t ein C^1-Diffeomorphismus ist, und zwar von W^t auf $\Phi(V)^t$. Die Induktionsannahme liefert also (mit λ_{n-1} dem $(n-1)$-dimensionalen Lebesguemaß)

$$(3) \qquad \lambda_{n-1} \circ S^t = |\det DS^t(\cdot)| \cdot \lambda_{n-1} \text{ auf } \mathcal{B}(W^t),$$

für alle $t \in \mathbf{R}$ mit $W^t \neq \emptyset$.

Nunmehr ergibt sich die Behauptung durch Rechnung: Für $A \in \mathcal{B}(V)$ sei $\chi := \chi_{\Phi(A)} = \chi_A \circ \Phi^{-1}$, also $\chi \circ S = \chi_A \circ R^{-1}$. Dann gilt

$$\lambda_n(\Phi(A)) = \int_{\Phi(V)} \chi(x)\lambda_n(dx) = \int_{-\infty}^{\infty} dt \int_{\Phi(V)^t} \lambda_{n-1}(dy)\chi(y,t) \quad \text{(Fubini)}$$

$$= \int_{-\infty}^{\infty} dt \int_{W^t} \lambda_{n-1}(dy)\chi(S^t(y),t)|\det DS^t(y)| \quad ((3)\&\Phi(V)^t = S^t(W^t))$$

$$= \int_{-\infty}^{\infty} dt \int_{W^t} \lambda_{n-1}(dy)(\chi \circ S)(y,t)|\det DS(y,t)| \quad (S(y,t) = (S^t(y),t))$$

$$= \int_{W} (\chi \circ S)(x)|\det DS(x)|\lambda_n(dx) \qquad \text{(Fubini)}$$

$$= \int_{W} (\chi_A \cdot |\det D\Phi|\frac{1}{|\frac{\partial \Phi_n}{\partial x_n}|}) \circ R^{-1}(x)\lambda_n(dx) \qquad (2)$$

$$= \int_{\mathbf{R}^n} (\chi_A \cdot |\det D\Phi|\frac{1}{|\frac{\partial \Phi_n}{\partial x_n}|}) \circ R^{-1}(x)\lambda_n(dx) \qquad (R(A) \subset W)$$

$$= \int_{\mathbf{R}^{n-1}} \lambda_{n-1}(dy) \int_{-\infty}^{\infty} dt(\chi_A \cdot |\det D\Phi|\frac{1}{|\frac{\partial \Phi_n}{\partial x_n}|}) \circ R^{-1}(y,t) \qquad \text{(Fubini)}$$

$$= \int_{\mathbf{R}^{n-1}} \lambda_{n-1}(dy) \int_{-\infty}^{\infty} ds\,\chi_A(y,s)|(\det D\Phi)(y,s)| \qquad \text{(s.u.)}$$

$$= \int_{A} |\det D\Phi(x)|\lambda_n(dx) \qquad \text{(Fubini)};$$

dabei wurde in der vorletzten Zeile die 1-dimensionale Substitutionsregel benutzt und, für fixiertes $y \in \mathbf{R}^{n-1}$, jeweils substituiert

$$s : \Phi_n(y, s) := t; \text{ also } R^{-1}(y, t) = (y, s);$$

man beachte, daß für $(y, s) \in V$ (worüber wegen $A \subset V$ allein zu integrieren ist) mit R auch $s \mapsto \Phi_n(y, s)$ injektiv ist und die Inverse dieser Funktion die Ableitung hat

$$\frac{dt}{ds} = \frac{1}{\frac{\partial \Phi_n}{\partial x_n}(y, s)} = (\frac{1}{\frac{\partial \Phi_n}{\partial x_n}} \circ R^{-1})(y, t).$$

∎

Bemerkung: Der hier gegebene Beweis benutzt wesentlich den Satz von der Umkehrfunktion: $\det DR(a) \neq 0 \Rightarrow R$ ist *lokaler* C^1- Diffeomorphismus bei a. Dieser erlaubte, in Verbindung mit dem Satz von Fubini, (lokal) die Zurückführung der n-dimensionalen Formel (*) auf die Kombination einer $(n-1)$-dimensionalen und einer 1- dimensionalen Substitution. Dennoch waren nicht alle Argumente lokal: Schon die Formulierung des Satzes in der Formel (*), die wir ja zur Lokalisierung des Problems am Anfang des Beweises benutzt haben, setzt die globale Injektivität von Φ (im wesentlichen) voraus, da sonst die linke Seite von (*) nicht einmal ein Maß sein muß (- ganz anders als bei Bildmaßen $\lambda \circ \Phi^{-1}$!).
Alternative Beweise, die zunächst den Fall einer linearen Bijektion Φ vorwegnehmen und dann Φ lokal durch die lineare Bijektion $D\Phi$ approximieren, findet man z.B. bei Forster [4] § 2 oder Rudin [8] 8.26.

§ 13. Faltung und Glättung

Neben der punktweise definierten Multiplikation zweier Funktionen gibt es ein anderes Produkt von Funktionen auf $\mathbf{R}^n$, in dessen Definition und Eigenschaften die „homogene" Struktur von $\mathbf{R}^n$ als additive Gruppe mit eingeht. Dieses „Faltungsprodukt" ist für die Analysis wie auch ihre Anwendungen in der Stochastik (Summen unabhängiger Zufallsvariabler) und Physik (translationsinvariante lineare Systeme) von größter Bedeutung. Wir studieren es hier im Zusammenhang mit Reichhaltigkeitsaussagen für Funktionen auf $\mathbf{R}^n$. Für solche Funktionen beziehen sich Begriffe wie Integrierbarkeit usw. ohne explizite Angabe eines Maßes stets auf das Lebesguemaß λ.

Sind $f, g : \mathbf{R}^n \to \mathbf{C}$ meßbar, so auch die Funktion $\mathbf{R}^n \times \mathbf{R}^n \to \mathbf{C}$: $(x, y) \mapsto f(y)g(x - y)$, da sie als Produkt der meßbaren Funktionen $(x, y) \mapsto f(y)$ und $g \circ \Delta$ mit der (sogar stetigen) Differenzabbildung $\Delta : \mathbf{R}^n \times \mathbf{R}^n \to \mathbf{R}^n : \Delta(x, y) = x - y$ definiert ist. Damit ist gemäß § 11 Lemma 1 ii) die Menge

$$N_{f,g} := \{x \in \mathbf{R}^n : \int dy |f(y)||g(x - y)| = \infty\}$$

Borel-meßbar, und wir erhalten die meßbare Funktion

$$f * g : \mathbf{R}^n \to \mathbf{C} : (f * g)(x) = \begin{cases} \int dy\, f(y)g(x - y), & x \notin N_{f,g} \\ 0, & x \in N_{f,g} \end{cases},$$

das *Faltungsprodukt* von f und g.

Bemerkung: Die Eigenschaften des Faltungsprodukts hängen wesentlich ab von den beiden grundlegenden Verträglichkeitseigenschaften des Lebesguemaßes mit der Struktur von $\mathbf{R}^n$:

$$\textit{Translationsinvarianz:} \quad \int h(a + x)dx = \int h(x)dx; \forall a \in \mathbf{R}^n$$

$$\textit{Homogenität:} \quad \int h(\alpha x)dx = \frac{1}{|\alpha|^n} \int h(x)dx; \forall 0 \neq \alpha \in \mathbf{R},$$

die für jede integrierbare Funktion $h : \mathbf{R}^n \to \mathbf{C}$ aus den in § 11 genannten entsprechenden Eigenschaften des n-dimensionalen Volumens durch Anwendung des Transformationslemmas (§ 9) folgen.

Einige *Eigenschaften des Faltungsprodukts* (für $f, g : \mathbf{R}^n \to \mathbf{C}$ meßbar):

i) $N_{f,g} = N_{g,f}$ und $f * g = g * f$. (Wegen Translationsinvarianz)

ii) $\{f * g \neq 0\} \subset \{f \neq 0\} + \{g \neq 0\}$.

Denn: Für $x \notin \{f \neq 0\} + \{g \neq 0\}$ ist bei beliebigem $y \in \mathbf{R}^n$ wegen $x = y + (x - y)$ stets $f(y)g(x - y) = 0$, somit $(f * g)(x) = 0$

■

iii) f und g integrierbar $\Rightarrow \lambda(N_{f,g}) = 0$ und $f * g$ integrierbar, mit

$$\|f * g\|_1 \leq \|f\|_1 \|g\|_1 .$$

Denn: Nach Fubini (§ 11 Satz 1) gilt

$$\int dx \int dy |f(y)| |g(x - y)| = \int dy |f(y)| \int dx |g(x - y)| = \|f\|_1 \|g\|_1 ,$$

also (§ 8 Satz 2 über „f.ü.-Abhängigkeit ...") $\lambda(N_{f,g}) = 0$ und

$$\|f * g\|_1 = \int dx \Big| \int dy\, f(y)g(x - y) \Big|$$

$$\leq \int dx \int dy |f(y)|\, |g(x - y)| = \|f\|_1 \|g\|_1$$

■

iv) f beschränkt und g integrierbar $\Rightarrow \lambda(N_{f,g}) = 0$ und $f * g$ beschränkt mit ($\| \; \| = $ Supremumsnorm)

$$\|f * g\| \leq \|f\|_\infty \|g\|_1 ;$$

f und g quadratisch-integrierbar $\Rightarrow \lambda(N_{f,g}) = 0$ und $f * g$ beschränkt mit

$$\|f * g\| \leq \|f\|_2 \|g\|_2 .$$

Denn: Ersteres ist trivial; letzteres nach der Hölderschen Ungleichung. In beiden Fällen wurde natürlich auch wieder die Translationsinvarianz des Lebesguemaßes benutzt.

■

v) f, g, h integrierbar $\Rightarrow (f * g) * h = f * (g * h)$ f.ü. (nach Fubini).

vi)   Ist f *lokal integrierbar* (d.h. meßbar & $\int_K |f(x)|dx < \infty$ für jedes kompakte $K \subset \mathbf{R}^n$) und g integrierbar mit kompaktem *Träger*$(g) :=$ $\overline{\{g \neq 0\}}$ so ist auch $f * g$ lokal integrierbar. Genauer gilt für eine beliebige kompakte Menge $K \subset \mathbf{R}^n$ folgendes: $L := K - \text{Träger}(g)$ ist ebenfalls kompakt (also $f \cdot \chi_L$ integrierbar), und

$$(f * g)(x) = ((f \cdot \chi_L) * g)(x); \forall x \in K.$$

Denn: Für $x \in K$ und jedes $y \in \mathbf{R}^n$ ist $f(x-y)g(y) = (f \cdot \chi_L)(x-y)g(y)$. Andererseits ist L kompakt als stetiges Bild des kompakten Cartesischen Produktes $K \times \text{Träger}(g)$ unter der Differenzabbildung $(x, y) \mapsto x - y$.

$\blacksquare$

vii) Sei f integrierbar und g stetig und beschränkt, oder auch: f lokal integrierbar und g stetig mit kompaktem Träger; dann ist $f * g$ stetig. (Majorierte Konvergenz und vi)).

viii) *(Vertauschbarkeit von Differentiation und Faltung):* f lokal integrierbar und g C^p (d.h. p mal stetig differenzierbar) mit kompaktem Träger(g) $\Rightarrow$ $f * g$ C^p & $D^\alpha(f * g) = f * D^\alpha g; |\alpha| \leq p$. Hier bezeichnet $D^\alpha f$ die zu einem Multiindex $\alpha = (\alpha_1, \dots, \alpha_n), \alpha_k \in \mathbf{N}_0$, gehörige partielle Ableitung der Ordnung $|\alpha| = \alpha_1 + \dots + \alpha_n$.

Denn: Da die Aussage lokaler Natur ist, kann gemäß vi) f sogar integrierbar angenommen werden. Die behauptete Differenzierbarkeit unter dem Integralzeichen folgt dann sofort aus dem entsprechenden Satz über Parameterabhängigkeit von Integralen (§ 8), da $D^\alpha g$ beschränkt ist.

$\blacksquare$

Definition: Eine *Glättungsfolge* $(g_\epsilon)_{\epsilon > 0}$ ist eine Familie von C^∞-Funktionen $g_\epsilon : \mathbf{R}^n \to \mathbf{R}$ mit

$$g_\epsilon \geq 0; \quad \int g_\epsilon(x)dx = 1; \quad \text{Träger}(g_\epsilon) \subset U_\epsilon := \{x \in \mathbf{R}^n : \|x\| \leq \epsilon\}.$$

Beispiel: Sei $g : \mathbf{R}^n \to \mathbf{R}$ C^∞ mit $g \geq 0, \int g\, dx =: c > 0$ und Träger(g) $\subset U_1$ (z.B. $g(x) = e^{-\frac{1}{1-\|x\|^2}}$ für $\|x\| < 1$ und $= 0$ für $\|x\| \geq 1$). Dann ist

$$(g_\epsilon)_{\epsilon > 0} : g_\epsilon(x) = \frac{1}{c} \cdot \frac{1}{\epsilon^n} g(\frac{x}{\epsilon})$$

eine Glättungsfolge (Homogenität des Lebesguemaßes!).

Bemerkung: Die Bezeichnung „Glättungsfolge" ergibt sich daraus, daß nicht nur nach obiger Bemerkung über Differentiation und Faltung für lokal integrierbare $f : \mathbf{R}^n \to \mathbf{C}$ alle $f * g_\varepsilon$ C^∞ („glatt") sind, sondern mit $\varepsilon \to 0$ stets auch in einem geeigneten Sinne gegen f konvergieren (vgl. „Approximation der δ-Funktion" im vorigen Paragraphen); z.B.

i) $f * g_\varepsilon \to f$ gleichmäßig, wenn f stetig und Träger(f) kompakt ist.

Denn: Mit $\sigma_f(\varepsilon) := \sup\{|f(x) - f(y)| : \|x - y\| \le \varepsilon\}$ dem Stetigkeitsmodul von f ist ja

$$|(f * g_\varepsilon)(x) - f(x)| = |\int dy (f(y) - f(x)) g_\varepsilon(x - y)| \le \sigma_f(\varepsilon) \int g_\varepsilon \, dy = \sigma_f(\varepsilon),$$

und wegen gleichmäßiger Stetigkeit von f (da Träger(f) kompakt ist) gilt $\sigma_f(\varepsilon) \to 0$ mit $\varepsilon \to 0$.

ii) $f * g_\varepsilon \to f$ in $\|\ \|_1 (L^1(\lambda)$-Norm), falls f integrierbar ist.

Denn: Im nächsten Paragraphen wird unabhängig von unserer Behauptung gezeigt, daß eine Folge (f_n) stetiger Funktionen mit kompakten Trägern existiert mit $\|f_n - f\|_1 \to 0$. Aus i) folgt $\|f * g_\varepsilon - f\|_1 \le \sigma_f(\varepsilon) \lambda(\{f \ne 0\} + U_1) \to 0$, falls f stetig ist und kompakten Träger hat. (Eigenschaft ii) des Faltungsproduktes). Dies angewandt auf die approximierenden f_n liefert die Behauptung:

$$\|f * g_\varepsilon - f\|_1 \le \|f * g_\varepsilon - f_n * g_\varepsilon\|_1 + \|f_n * g_\varepsilon - f_n\|_1 + \|f_n - f\|_1 \le$$
$$\le 2\|f_n - f\|_1 + \|f_n * g_\varepsilon - f_n\|_1$$

(Eigenschaft iii) des Faltungsproduktes), also $\|f * g_\varepsilon - f\|_1 < \delta$ bei vorgegebenem $\delta > 0$ für hinreichend kleines $\varepsilon > 0$ (mit hinreichend groß gewähltem $n \in \mathbf{N}$).

Auf beliebigen lokal kompakten Hausdorffräumen hat man als fundamentale Reichhaltigkeitsaussage über stetige Funktionen das *Urysohn'sche Lemma*: Zu kompaktem K und offenem U mit $K \subset U$ existiert eine stetige Funktion f mit $\chi_K \le f \le \chi_U$ (also: $0 \le f \le 1$, dabei $f(x) = 1$ für $x \in K$ und $f(x) = 0$ für $x \notin U$). In einem metrischen Raum $(\Omega; \rho)$ kann man solche f leicht mit Hilfe der Distanzfunktion angeben: Für $A \subset \Omega$ setze

$$dist(x, A) := \inf\{\rho(x, y) : y \in A\}$$

Dann ist (nach der Dreiecksungleichung)

$$|dist(x, A) - dist(y, A)| \leq \rho(x, y); \forall x, y \in \Omega,$$

insbesondere $x \mapsto dist(x, A)$ stetig, und offenbar ist der Abschluß

$$\overline{A} = \{x \in \Omega : dist(x, A) = 0\}.$$

Hat man nun $K \subset U \subset \Omega, K$ kompakt, U offen, so ist also

$$f : f(x) = \frac{dist(x, CU)}{dist(x, K) + dist(x, CU)}$$

eine Urysohnfunktion der gewünschten Art.

Für $\Omega = \mathbf{R}^n$, versehen mit der euklidischen Metrik $\rho(x, y) = \|x - y\|$, haben wir nun folgende Verschärfung:

Satz (*„C^∞-Urysohn-Lemma"*): *Zu $K \subset U \subset \mathbf{R}^n, K$ kompakt und U offen, existiert ein $f : \mathbf{R}^n \to \mathbf{R}, C^\infty$ mit kompaktem Träger und $\chi_K \leq f \leq \chi_U$.*

Beweis: Zunächst ist bei beliebigem $\varepsilon > 0$

$$K_\varepsilon := \{x \in \mathbf{R}^n : dist(x, K) \leq \varepsilon\} = K + U_\varepsilon$$

(also beschränkt und abgeschlossen, d.h. kompakt), denn wegen der Kompaktheit von K existiert zu jedem $x \in \mathbf{R}^n$ ein $y \in K$ mit $\rho(x, y) = dist(x, K)$. Ebenso impliziert die Kompaktheit von K zusammen mit der Stetigkeit von $x \mapsto dist(x, CU)$, daß gilt

$$\delta := \inf\{dist(x, CU) : x \in K\} > 0.$$

Sei nun (g_ε) eine Glättungsfolge. Dann hat bei beliebigem $0 < \varepsilon < \frac{\delta}{2}$ die Funktion

$$f := \chi_{K_\varepsilon} * g_\varepsilon$$

die gewünschten Eigenschaften: Zunächst ist f C^∞-Funktion nach Eigenschaft viii) der Faltung, und $\{f \neq 0\} \subset K_\varepsilon + U_\varepsilon = K_{2\varepsilon} \subset K_\delta \subset U$

(Eigenschaft ii)); insbesondere hat f kompakten Träger. Ferner ist $0 \leq f \leq \int g_\varepsilon \, dy = 1$, und für $x \in K$ gilt:

$$f(x) = \int\limits_{U_\varepsilon} \chi_{K_\varepsilon}(x - y) g_\varepsilon(y) dy = \int\limits_{U_\varepsilon} g_\varepsilon(y) dy = \int g_\varepsilon \, dy = 1.$$

$\blacksquare$

§ 14. Regularität von Maßen und Dichtheitsaussagen.

Das „C^∞-Urysohn-Lemma" des vorigen Paragraphen ist eine fundamentale Reichhaltigkeitsaussage der Analysis. Einerseits ist die Multiplikation mit Urysohnfunktionen eine Methode der „glatten Abschneidung" zur Lokalisierung globaler Probleme der Differentialrechnung. Andererseits verbindet sich, wie in diesem Paragraphen gezeigt wird, die Existenz von Urysohnfunktionen $f : \chi_K \leq f \leq \chi_U$ mit der dazu „dualen" Regularität von Borelmaßen auf $\mathbf{R}^n$ zu Aussagen über die Approximierbarkeit integrierbarer Funktionen durch glatte Funktionen. Als Anwendung solcher Reichhaltigkeitsaussagen geben wir in einem Anhang die Grundidee einer Erweiterung des Funktionsbegriffes wieder, die es z.B. erlaubt, in einem verallgemeinerten Sinn jede stetige Funktion f beliebig oft zu differenzieren. Als Resultat der Differentiation ergeben sich verallgemeinerte Funktionen (Distributionen),die im stetig differenzierbaren Fall mit den klassischen Ableitungen von f übereinstimmen. Anwendung findet diese Idee naturgemäß besonders bei der Lösung (partieller) Differentialgleichungen. Wir erläutern hier den Begriff der Fundamentallösung. Auch die Dirac'sche δ-Funktion findet in der Distributionentheorie den ihr zukommenden Platz.

Der im folgenden für den R^n formulierte Satz über das Zusammenspiel von Maß und Topologie gilt wesentlich allgemeiner, etwa in jedem lokal kompakten Raum mit abzählbarer Basis der Topologie (vgl. Bauer [1] § 43). So benutzt der hier gegebene Beweis von der Topologie des $\mathbf{R}^n$ nur die folgenden beiden Tatsachen, die auch in o.g. Räumen leicht nachzuweisen sind:

    a) Jede offene Menge ist abzählbare Vereinigung von Kompakten (im $\mathbf{R}^n$ z.B. von Würfeln, § 4).

    b) Der ganze Raum Ω besitzt eine „kompakte Ausschöpfung"

$$\Omega = \bigcup_1^\infty C_k \text{ mit } C_k \text{ kompakt}, C_k \subset \text{ int } C_{k+1}; \forall k \in \mathbf{N}$$

(im $\mathbf{R}^n$ etwa mit $C_k :=$ abgeschlossene Kugel vom Radius k realisierbar). Wir erinnern daran, daß ein *Borelmaß* auf Ω definiert ist (§ 6) als ein Maß auf der Borel'schen σ- Algebra $\mathcal{B}(\Omega)$, das auf kompakten Mengen endliche Werte hat.

Definition: Ein Borelmaß μ auf einem topologischen Raum Ω heißt *regulär*, wenn für jedes $A \in \mathcal{B}(\Omega)$ gilt

$$\sup\{\mu(K) : K \subset A \text{ kompakt }\} = \mu(A) = \inf\{\mu(U) : U \supset A \text{ offen }\}.$$

Satz 1 *(Regularität von Borelmaßen): Sei $\Omega \subset \mathbf{R}^n$ offen. Jedes Borelmaß μ auf Ω ist regulär.*

Beweis: Setzt man μ durch $\tilde{\mu}(A) := \mu(\Omega \cap A)$ zu einem Borelmaß auf $\mathbf{R}^n$ fort, so ist offenbar μ regulär $\Leftrightarrow$ $\tilde{\mu}$ regulär (Ω war offen vorausgesetzt!). Daher o.E. $\Omega = \mathbf{R}^n$; die kompakten Kugeln

$$C_k := \{x \in \mathbf{R}^n : \|x\| \leq k\} \subset \text{ int } C_{k+1}, \quad k \in \mathbf{N},$$

schöpfen dann Ω aus. Wir setzen noch für $A \in \mathcal{B}(\Omega)$

$$\underline{\mu}(A) := \sup\{\mu(K) : K \subset A \text{ kompakt }\},$$
$$\overline{\mu}(A) := \inf\{\mu(U) : U \supset A \text{ offen }\},$$

und haben also $\underline{\mu} \leq \mu \leq \overline{\mu}$; z.z. ist $\underline{\mu} = \overline{\mu}$. Wir betrachten daher

$$\mathcal{M} := \{A \in \mathcal{B}(\Omega) : \underline{\mu}(A) = \overline{\mu}(A)\}.$$

i) $\mathcal{M} \ni A_n \nearrow A \Rightarrow A \in \mathcal{M}$, denn:

$$\mu(A) = \sup_n \mu(A_n) = \sup_n \underline{\mu}(A_n) =$$
$$= \sup\{\mu(K) : K \text{ kompakt }; K \subset A_n \text{ für ein } n \in \mathbf{N}\} \leq$$
$$\leq \underline{\mu}(A) \leq \mu(A);$$

also gilt $\underline{\mu}(A) = \mu(A)$. Ist $\mu(A) = \infty$, so auch $\mu(A) = \overline{\mu}(A)$. Ist $\mu(A) < \infty$, und wählt man bei vorgegebenem $\varepsilon > 0$ offene $U_n \supset A_n$ mit $\mu(U_n \backslash A_n) < \frac{\varepsilon}{2^n}$, so ist auch $U := \bigcup_1^\infty U_n$ offen, ferner $U \supset A$ und $U \backslash A \subset \bigcup_1^\infty (U_n \backslash A_n)$, also

$$\mu(U \backslash A) \leq \sum_1^\infty \mu(U_n \backslash A_n) < \sum_1^\infty \frac{\varepsilon}{2^n} = \varepsilon.$$

Damit ist auch hier $\mu(A) = \overline{\mu}(A)$ gezeigt.

ii) Wir können o.E. $\mu(\Omega) < \infty$ annehmen: Ist dieser Fall nämlich gezeigt, so weiß man für jedes der beschränkten Maße

$$\mu_k := \mu(C_k \cap \cdot) : A \mapsto \mu(C_k \cap A), \quad k \in \mathbf{N}$$

und jede Borelmenge $B \subset$ int C_k also $\underline{\mu}_k(B) = \overline{\mu}_k(B)$ und daher

$$\underline{\mu}(B) = \underline{\mu}_k(B) = \mu_k(B) = \mu(B) = \overline{\mu}_k(B) = \overline{\mu}(B).$$

Bei beliebiger Borelmenge A folgt somit $A \cap$ int $C_k \in \mathcal{M}$ für jedes $k \in \mathbf{N}$ und damit nach i) auch $A \in \mathcal{M}$. - Für den Rest des Beweises sei also $\mu(\Omega) < \infty$ angenommen.

iii) $\mathcal{M}$ ist komplementiert: Für $A \in \mathcal{M}$ ist

$$\underline{\mu}(A) \leq \sup\{\mu(F) : F \subset A \text{ abgeschlossen }\} \leq \mu(A) = \underline{\mu}(A),$$

(also überall $=$), somit wegen Endlichkeit von μ

$$\mu(CA) = \mu(\Omega) - \mu(A) = \inf\{\mu(\Omega) - \mu(F) : F \subset A \text{ abgeschlossen }\} =$$
$$= \inf\{\mu(U) : U \supset CA \text{ offen }\} = \overline{\mu}(CA).$$

Ebenso ist

$$\mu(CA) = \mu(\Omega) - \mu(A) = \sup\{\mu(\Omega) - \mu(U) : U \supset A \text{ offen }\} =$$
$$= \sup\{\mu(F) : F \subset CA \text{ abgeschlossen }\} =$$
$$= \sup\{\mu(F \cap C_k) : F \subset CA \text{ abgeschlossen}; k \in \mathbf{N}\} = \underline{\mu}(CA).$$

iv) $\mathcal{M}$ ist $\cup$-stabil (und also nach i)& iii) σ-Algebra): Zu $A, B \in \mathcal{M}$ wähle man bei gegebenem $\varepsilon > 0$ kompakte K, L und offene U, V mit

$$K \subset A \subset U; \ L \subset B \subset V; \ \mu(U \backslash K) < \varepsilon, \ \mu(V \backslash L) < \varepsilon$$

(dies ist offenbar nach Definition von $\mathcal{M}$ wegen Endlichkeit von μ möglich; beachte $U \backslash K \subset (U \backslash A) \cup (A \backslash K)$). Dann ist $K \cup L$ kompakt, $U \cup V$ offen, $K \cup L \subset A \cup B \subset U \cup V$, und

$$(U \cup V) \backslash (K \cup L) \subset (U \backslash K) \cup (V \backslash L), \Rightarrow \mu((U \cup V) \backslash (K \cup L)) < 2\varepsilon.$$

v) $\mathcal{M}$ enhält jedes offene $U \subset \Omega$ (und also $\mathcal{M} = \mathcal{B}(\Omega)$ nach iv)): $\mu(U) = \overline{\mu}(U)$ nach Definition von $\overline{\mu}$. Andererseits ist $U = \bigcup_1^\infty K_n$ mit kompakten K_n (z.B. Würfeln, s. § 4), also

$$\mu(U) = \lim_{r \to \infty} \mu(\bigcup_{n \leq r} K_n) = \underline{\mu}(U).$$

∎

Bezeichnung: Für $\emptyset \neq \Omega \subset \mathbf{R}^n$ offen sei

$$\mathcal{D}(\Omega) := \{u : \Omega \to \mathbf{C} : u\ C^\infty;\ \text{Träger}(u) \subset \Omega\ \text{kompakt}\ \}$$

der *L. Schwartz'sche* Raum der *Testfunktionen*.

Die Bezeichung „Testfunktionen" erklärt sich aus folgender grundlegenden Reichhaltigkeitsaussage:

Satz 2 *(Reichhaltigkeit der Testfunktionen): Sei $\emptyset \neq \Omega \subset \mathbf{R}^n$ offen und μ ein beliebiges Borelmaß auf Ω, ferner $f : \Omega \to \mathbf{C}$ lokal μ-integrierbar (also meßbar mit $\int_K |f| d\mu < \infty$ für jedes kompakte $K \subset \Omega$). Dann gilt die Äquivalenz:*

$$\int f(x) u(x) d\mu = 0, \forall u \in \mathcal{D}(\Omega) \Leftrightarrow f = 0\ \mu - \text{f.ü.} \ .$$

Beweis:

$\Leftarrow$: trivial.

$\Rightarrow$: Es genügt natürlich, für reellwertiges f mit $\int fu\,d\mu = 0$, für jedes $u \in \mathcal{D}(\Omega)$, zu folgern $f = 0$ μ-f.ü.. Wir zeigen $\mu(\{f > 0\}) = 0$ (analog gilt dann $\mu(\{f < 0\}) = 0$ und also $\mu(\{f \neq 0\}) = 0$). Wegen σ-Additivität bedeutet dies dasselbe wie $\mu(\{f \geq \delta\}) = 0$ für jedes $\delta > 0$, wegen (Innen-) Regularität von μ dies bei von nun an fixiertem $\delta > 0$ dasselbe wie $\mu(K) = 0$ für ein beliebiges kompaktes $K \subset \{f \geq \delta\}$. Wir fixieren nun auch ein solches K und haben dann für hinreichend kleines ε (nämlich z.B. für $0 < \varepsilon < \inf\{dist(x, \complement\Omega) : x \in K\}$; vgl. § 13) auch noch $K_\varepsilon := K + U_\varepsilon \subset \Omega, K_\varepsilon$ kompakt. Die Annahme, daß $\mu(K) > 0$ ist, führt nun zu einem Widerspruch, wenn wir ein offenes U wählen mit

$$K \subset U \subset K_\varepsilon\ \&\ \int\limits_{U \setminus K} |f| d\mu < \frac{\delta}{2}\mu(K);$$

solche U existieren, da das Borelmaß (f ist lokal μ-integrierbar!) $\nu := |f| \cdot \mu$ auf Ω nach Satz 1 wieder (außen-)regulär ist. Mit einer C^∞-Urysohnfunktion $u : \mathbf{R}^n \to \mathbf{R} : \chi_K \leq u \leq \chi_U$ (§ 13; also $u|\Omega \in \mathcal{D}(\Omega)$) folgt nämlich jetzt der Widerspruch

$$0 = \int uf\,d\mu = (\int\limits_K + \int\limits_{U \setminus K})uf\,d\mu \geq \delta\mu(K) + \int\limits_{U \setminus K} uf\,d\mu \geq \frac{\delta}{2}\mu(K) > 0,$$

wobei die 1. Ungleichung wegen $u(x)f(x) = f(x) \geq \delta, x \in K$, und die 2. wegen $|\int_{U\setminus K} uf\, d\mu| \leq \int_{U\setminus K} |f| d\mu < \frac{\delta}{2}\mu(K)$ gilt.

∎

Diese Reichhaltigkeitsaussage läßt sich auch als Dichtheitssatz formulieren:

Korollar ($\mathcal{D}(\Omega)$ *dicht in* $\mathcal{L}^p(\mu)$): *Sei* $\emptyset \neq \Omega \subset \mathbf{R}^n$ *offen,* μ *ein Borelmaß auf* Ω; *dann ist* $\mathcal{D}(\Omega)$ *dicht in* $\mathcal{L}^p(\mu; \mathbf{C})$ *für* $p < \infty$ *(d.h. natürlich: Zu jedem* $f \in \mathcal{L}^p(\mu)$ *gibt es eine Folge* (f_n) *in* $\mathcal{D}(\Omega)$ *mit* $\|f - f_n\|_p \to 0$).

Beweis: i) $p = 2$: Da $L^2(\mu)$ ein Hilbertraum ist, bedeutet die Behauptung,daß $f = 0$ μ-f.ü. gilt für jedes $f \in L^2(\mu)$, das orthogonal zum Unterraum $\mathcal{D}(\Omega)$ ist. Dies ist aber gerade die Aussage des letzten Satzes, da ein $f \in L^2(\mu)$ auch lokal μ-integrierbar ist. Letzteres folgt aus der Endlichkeit von μ auf kompakten Mengen $K \subset \Omega$ und der Hölderschen Ungleichung

$$\|\chi_K f\|_1 \leq \|f\|_2 \, \|\chi_K\|_2 < \infty.$$

ii) $p = 1$: Sei $K_n \nearrow \Omega$ eine Folge kompakter Mengen, dazu bei fixiertem $f \in \mathcal{L}^1(\mu)$

$$f_n := f \cdot \chi_{K_n \cap \{|f| \leq n\}}, \quad n \in \mathbf{N}.$$

Dann gilt einerseits $\|f - f_n\|_1 \to 0$ (majorierte Konvergenz). Andererseits sind die $f_n \in L^2(\mu)$ und haben kompakte Träger. Eine Funktion $g \in L^2(\mu)$ mit Träger in einem kompakten Teil K von Ω ist aber bei beliebigem offenem $U : K \subset U \subset \Omega$ nach i) durch Funktionen aus $\mathcal{D}(U)(\subset \mathcal{D}(\Omega))$ in der Norm $\|\ \|_2$ approximierbar.Wählt man, etwa mittels Satz 1, U so klein, daß noch $\mu(U) < \infty$ ist, so findet diese Konvergenz nach der Hölderschen Ungleichung erst recht in der Norm $\|\ \|_1$ statt. Kombination dieser beiden $\|\ \|_1$-Approximierbarkeitsaussagen ergibt (Dreiecksungleichung!) die Behauptung für $p = 1$.

∎

Bemerkung: Der Beweis von Satz 1 wurde so geführt, daß er sich auf lokal kompakte Räume Ω mit abzählbarer Basis der Topologie übertragen läßt: auch dort ist also jedes Borelmaß regulär. Da solche Räume metrisierbar sind (vgl. Bauer [1] § 41), haben wir auch das Urysohn'sche

Lemma zur Verfügung (§ 13). Der Beweis von Satz 2 und seines Korollars läßt sich daher auf einem lokal kompakten Raum Ω mit abzählbarer Basis genau so mit stetigen anstelle von C^∞-Urysohnfunktionen führen mit dem Ergebnis, daß bei beliebigem Borelmaß μ auf Ω der Raum $\mathcal{K}(\Omega)$ aller stetigen reellen Funktionen f auf Ω mit kompaktem Träger dicht liegt in $L^p(\mu; \mathbf{R}), p = 1, 2$.

Auf Grund dieses Satzes kann man Borelmaße μ auf Ω mit den durch μ-Integration „dargestellten" linearen Funktionalen

$$M : \mathcal{K}(\Omega) \to \mathbf{R} : M(u) = \int u \, d\mu$$

identifizieren, d.h. $\mu \mapsto M$ ist injektiv. Welche linearen Funktionale M auf $\mathcal{K}(\Omega)$ erhält man so? Ein ebenso schöner wie fundamentaler Satz der topologischen Maßtheorie, der *F. Riesz'sche Darstellungssatz*, sagt, daß jedes lineare Funktional $M : \mathcal{K}(\Omega) \to \mathbf{R}$, das der offensichtlich hierfür notwendigen *Positivitäts*forderung

$$u \geq 0 \Rightarrow M(u) \geq 0$$

genügt, eine solche Integraldarstellung mit einem Borelmaß erlaubt (vgl. etwa Floret [3] S. 153, oder - für einen direkteren Beweis - Rudin [8] S. 42).

Beispiel: Sei $\Omega = [\alpha, \beta]$ ein n.a. kompaktes Intervall und $g : [\alpha, \beta] \to \mathbf{R}$ monoton wachsend. Nach § 1 Satz 3 haben wir ein positives lineares Funktional $u \mapsto \int_\alpha^\beta u \, dg$ (Riemann-Integral) auf $\mathcal{K}(\Omega) = C([\alpha, \beta])$ und also nach dem Riesz'schen Satz ein eindeutig bestimmtes Borelmaß μ_g auf $[\alpha, \beta]$ mit

$$\int\limits_\alpha^\beta u \, dg = \int u d\mu_g, \quad \forall u \in C([\alpha, \beta]).$$

Ist g rechtsstetig, so muß wegen Eindeutigkeit von μ_g und der Konsistenz von Riemann- und Lebesgue-Integral (§ 7 Satz 2) dieses Maß mit dem in § 7 konstruierten Maß μ_g zur Verteilungsfunktion g übereinstimmen, also

$$\mu_g([\alpha, t]) = g(t) - g(\alpha), \quad \alpha \leq t \leq \beta$$

gelten. Dies läßt sich auch leicht durch Approximation von $\chi_{[\alpha, t]}$ mit stetigen (etwa stückweise linearen) Funktionen direkt bestätigen.

Wir kehren nun zu der Reichhaltigkeitsaussage für Testfunktionen (Satz 2) zurück mit einem kurzen

Anhang über *Schwartz'sche Distributionen:*

Definition: Sei $\emptyset \neq \Omega \subset \mathbf{R}^n$ offen. Eine *Distribution auf* Ω ist ein lineares Funktional $\varphi : \mathcal{D}(\Omega) \to \mathbf{C}$, das in folgendem Sinne stetig ist: $\varphi(u_n) \to 0$ für jede Folge (u_n) in $\mathcal{D}(\Omega)$ mit

$$\begin{cases} \text{Träger}(u_n) \subset K \text{ für ein festes Kompaktum } K \subset \Omega, \forall n \in \mathbf{N}, \text{ und} \\ D^\alpha u_n \to 0 \text{ gleichmäßig für } \forall \text{ Multiindex } \alpha \in \mathbf{N}_0^n. \end{cases}$$

Hier bezeichnet wie üblich

$$D^\alpha f := \frac{\partial^{|\alpha|} f}{\partial x_1^{\alpha_1} \cdot \ldots \cdot \partial x_n^{\alpha_n}}$$

die zu einem Multiindex $\alpha = (\alpha_1, \ldots, \alpha_n), \alpha_k \in \mathbf{N}_0$, gehörige partielle Ableitung der Ordnung $|\alpha| = \alpha_1 + \ldots + \alpha_n$.

Bemerkung: i) Man kann den Vektorraum $\mathcal{D}(\Omega)$ so mit einer Topologie $\mathcal{T}$ versehen, daß die Distributionen genau die $\mathcal{T}$-stetigen linearen Funktionale sind.

ii) Die beiden folgenden Beispiele zeigen, daß Distributionen als gemeinsame Verallgemeinerung von Funktionen und Maßen (auf offenen Teilen des $\mathbf{R}^n$) aufgefaßt werden können. Der Nachweis der laut Definition geforderten Stetigkeit ist in beiden Fällen eine triviale Anwendung des Satzes von der majorierten Konvergenz.

Beispiel: **1**   Jede lokal integrierbare (insbesondere jede stetige oder jede integrierbare oder jede quadratintegrierbare) Funktion $f : \Omega \to \mathbf{C}$ definiert eine Distribution $[f]$ auf Ω durch

$$[f](u) := \int_\Omega f \cdot u dx, \ \forall u \in \mathcal{D}(\Omega)$$

2   Jedes Borelmaß μ auf Ω definiert eine Distribution $[\mu]$ auf Ω durch $[\mu](u) := \int u d\mu, \forall u \in \mathcal{D}(\Omega)$; speziell heißt die so zum Diracmaß δ_0 gehörige Distribution $[\delta_0]$ die *Deltadistribution.*

Behauptung 1: *Man kann Borelmaße μ auf Ω mit ihren Distributionen $[\mu]$, und ebenso lokal integrierbare Funktionen (genauer: Klassen λ-f.ü. gleicher Funktionen) f auf Ω mit ihren Distributionen $[f]$ identifizieren, d.h. die Zuordnungen $\mu \mapsto [\mu]$ bzw. $f \mapsto [f]$ sind (linear &) injektiv.*

Beweis: Dies folgt für Funktionen direkt aus Satz 2. Für Maße μ_1, μ_2 mit $[\mu_1] = [\mu_2]$ setze $\mu := \mu_1 + \mu_2$. Dann ist nach Radon-Nikodym (§ 10 Satz 3) $\mu_1 = f_1 \cdot \mu \,\&\, \mu_2 = f_2 \cdot \mu$, und nach Voraussetzung $\int (f_1 - f_2)u\,d\mu = 0, \forall u \in \mathcal{D}(\Omega)$. Also folgt aus Satz 2 $f_1 = f_2$ μ-f.ü., d.h. $\mu_1 = \mu_2$.

∎

Definiert man für eine Distribution φ auf Ω noch
   Multiplikation mit $v \in \mathcal{D}(\Omega)$ durch

$$(v \cdot \varphi)(u) := \varphi(uv), \quad \forall u \in \mathcal{D}(\Omega);$$

partielle Ableitungen $D^\alpha \varphi$ durch

$$(D^\alpha \varphi)(u) := (-1)^{|\alpha|}\varphi(D^\alpha u), \quad \forall u \in \mathcal{D}(\Omega),$$

so ist dies mit obiger Einbettung $f \mapsto [f]$ verträglich, d.h.

$$v[f] = [v \cdot f], \quad \text{für alle lokal integrierbaren } f : \Omega \to \mathbf{C};$$
$$D^\alpha[f] = [D^\alpha f], \quad \text{für alle } C^p\text{-Funktionen } f : \Omega \to \mathbf{C}, \forall \alpha : |\alpha| \leq p.$$

Denn: Nur die letztere Aussage bedarf einer Begründung, nämlich:

Behauptung 2 *(spezielle mehrdimensionale partielle Integrationsformel): Ist $\emptyset \neq \Omega \subset \mathbf{R}$ offen, sind $f, g : \Omega \to \mathbf{C}$ C^p, wobei mindestens eine der beiden Funktionen einen kompakten Träger in Ω hat, so gilt*

$$\boxed{\int_\Omega (D^\alpha f)(x)g(x)dx = (-1)^{|\alpha|} \int_\Omega (f(x)D^\alpha g)(x)dx} \; ; |\alpha| \leq p.$$

Beweis: Die Behauptung wird induktiv auf den Spezialfall $D^\alpha = \frac{\partial}{\partial x_i}$ reduziert. Die Funktion $h := f \cdot g : \Omega \to \mathbf{C}$ ist C^p und hat einen kompakten Träger in Ω, wird somit durch Null-Setzen außerhalb Ω zu einer

C^p-Funktion $h : \mathbf{R}^n \to \mathbf{C}$ mit kompaktem Träger fortgesetzt. Ist $[-c, c]^n$ ein Würfel $\supset$ Träger (h) und etwa $D^\alpha = \frac{\partial}{\partial x_n}$, so folgt die Behauptung, nämlich $\int \frac{\partial h}{\partial x_n} dx = 0$, nach Fubini:

$$\int\limits_\Omega \frac{\partial h}{\partial x_n} dx = \int\limits_{-c}^{c} dx_1 \ldots \int\limits_{-c}^{c} dx_{n-1} \int\limits_{-c}^{c} dx_n \frac{\partial h}{\partial x_n}(x_1, \ldots, x_n) =$$

$$= \int\limits_{-c}^{c} dx_1 \ldots \int\limits_{-c}^{c} dx_{n-1}(h(x_1, \ldots, x_{n-1}, c) - h(x_1, \ldots, x_{n-1}, -c)) = 0$$

∎

Insbesondere kann also jede lokal integrierbare Funktion im *distributionellen Sinne* differenziert werden, z.B.

$$h := \chi_{[0,\infty[} : \mathbf{R} \to \mathbf{R} \text{ (Heavyside-Funktion)} \Rightarrow [h]' = [\delta_0],$$

denn: $[h]'(u) = -\int_{-\infty}^{\infty} h \cdot u' dx = -\int_0^{\infty} u' dx = u(0) = [\delta_0](u), \ \forall u \in \mathcal{D}(\mathbf{R}).$

∎

Distributionen sind naturgemäß vor allem im Bereich der Differentialgleichungen anwendbar. Hat man etwa einen *linearen partiellen Differentialoperator p.Ordnung mit konstanten Koeffizienten* $L := \sum\limits_{|\alpha| \leq p} c_\alpha D^\alpha$, so gibt es hierzu stets eine *Fundamentallösung*, d.h. eine Distribution φ auf $\mathbf{R}^n$ mit $L\varphi = [\delta_0]$. Häufig (z.B. beim Laplace-Operator $L = \Delta$ vgl. Forster [4] § 17, Satz 2) ist dabei $\varphi = [k]$ mit einer lokal integrierbaren Funktion k (*Geensche Funktion* von L). Die Nützlichkeit von Fundamentallösungen liegt in folgender

Behauptung 3: *Sei k lokal integrierbar mit $L[k] = [\delta_0]$. Dann ist für jede integrierbare Funktion $g : \mathbf{R}^n \to \mathbf{C}$ mit kompaktem Träger die (auf Grund der in § 13 zusammengestellten Eigenschaften der Faltung) lokal integrierbare Funktion $f := k * g$ (distributionelle) Lösung der Gleichung $L[f] = [g]$. Ist g sogar C^p, so ist auch f C^p und also „klassische" Lösung der Gleichung $Lf = g$.*

Beweis: Die letzte Aussge folgt aus der ersten wegen Vertauschbarkeit von Differentiation und Faltung. Zum Beweis der ersten fixiere

$u \in \mathcal{D}(\mathbf{R}^n)$. Bei beliebigem $y \in \mathbf{R}^n$ ist dann auch $u(\cdot + y) : x \mapsto u(x + y)$ in $\mathcal{D}(\mathbf{R}^n)$, und

$$(L[k])(u(\cdot + y)) = \delta_0(u(\cdot + y)) = u(y);$$

somit folgt

$$(L[f])(u) = \sum_{|\alpha| \leq p} (-1)^{|\alpha|} c_\alpha [k * g](D^\alpha u) =$$

$$= \sum_{|\alpha| \leq p} (-1)^{|\alpha|} c_\alpha \int dx (D^\alpha u)(x) \int dy k(x - y) g(y) =$$

$$= \sum_{|\alpha| \leq p} (-1)^{|\alpha|} c_\alpha \int dy g(y) \int dx k(x)(D^\alpha u)(x + y) =$$

$$= \int dy\, g(y)(L[k])(u(\cdot + y)) = \int dy\, g(y) u(y) = [g](u).$$

∎

Bemerkung: Natürlich ist nicht jede Distribution φ in der Form $\varphi = [f]$ durch eine (lokal integrierbare) Funktion f gegeben; z.B. ist die zu einem Borelmaß μ gehörige Distribution $[\mu]$ ja genau dann $= [f]$, wenn $\mu = f \cdot \lambda$ ist. Dies ist insbesondere nicht der Fall für $\mu = \delta_0$, das Dirac-Maß zu $0 \in \mathbf{R}^n$. Dennoch schreibt man in der physikalischen Literatur beliebige Distributionen φ gern in der „funktionalen" Form

$$\varphi(u) = \int u(x)\varphi(x)dx,$$

und gerade auch

$$\delta_0(u) = \int u(x)\delta(x)dx, \ \forall u \in \mathcal{D}(\mathbf{R}^n).$$

($\delta(x)$ heißt auch *Dirac'sche δ-Funktion*). Solche Integrale sind wirklich nur formal und nicht im Sinne der Integrationstheorie zu verstehen. (Letztere würde sofort $\delta(x) = 0$ λ-f.ü. für $x \neq 0$ und damit $\int u(x)\delta(x)dx = 0$ für alle u liefern.) Relationen wie

$$\delta(\Phi(x)) = \frac{1}{|\det D\Phi(a)|}\delta(x - a)$$

für einen C^1-Diffeomorphismus Φ des $\mathbf{R}^n$ mit $\Phi(a) = 0$ sind im Sinne einer formalen Anwendung des Substitutionssatzes (§ 12) zu interpretieren:

$$\int u(x)\delta(\Phi(x))dx = \int (u \circ \Phi^{-1})(\Phi(x)) \cdot \delta(\Phi(x))dx =$$

$$= \int u(\Phi^{-1}(y))\delta(y)\frac{1}{|\det(D\Phi)(\Phi^{-1}(y))|}dy =$$

$$= \frac{1}{|\det D\Phi(a)|}u(a) = \int u(x)\frac{1}{|\det D\Phi(a)|}\delta(x - a)dx.$$

Ein häufig gebrauchter Spezialfall dieser Formel ist

$$\delta(\frac{x}{c}) = |c|^n \delta(x) \quad \text{für } 0 \neq c \in \mathbf{R}.$$

§ 15. Fouriertransformation

Die Fouriertransformation auf dem $\mathbf{R}^n$ ist ein wichtiges Instrument der Analysis, weil sie das Faltungsprodukt in punktweise Multiplikation überführt und (damit eng zusammenhängend) lineare Differentialoperatoren mit konstanten Koeffizienten „diagonalisiert", d.h. in Multiplikationsoperatoren transformiert. Wir beweisen einen „Hauptsatz" über die Fouriertransformation auf dem Schwartz'schen Raum $\mathcal{S}(\mathbf{R}^n)$ der schnell fallenden glatten Funktionen und ziehen hieraus Folgerungen auch für die Fouriertransformation von L^1- und L^2-Funktionen sowie von Maßen. Am Schluß wird kurz auf die Rolle der Fouriertransformation in der Wahrscheinlichkeitstheorie bei der Beschreibung der Verteilung von Summen unabhängiger Zufallsvariabler hingewiesen.

Wie immer bezieht sich Integrierbarkeit in $\mathbf{R}^n$ auf das n-dimensionale Lebesguemaß λ.

Definition: Für integrierbare $f : \mathbf{R}^n \to \mathbf{C}$ heißt die Funktion

$$\hat{f} : \mathbf{R}^n \to \mathbf{C} : \hat{f}(x) = \frac{1}{(2\pi)^{n/2}} \int e^{i\langle x,y\rangle} f(y)\,dy$$

die *Fouriertransformierte* von f.

Bemerkung: Wegen $|e^{i\langle x,y\rangle}| = 1$ existiert $\hat{f}$ als stetige Funktion auf $\mathbf{R}^n$ (majorierte Konvergenz!).

Ein etwas ausgefallenes, aber besonders wichtiges

Beispiel *(Gaußdichte als Fixpunkt der Fouriertransformation)*:

$$g : g(x) = \frac{1}{(2\pi)^{n/2}} e^{-\frac{\|x\|^2}{2}} \Rightarrow \hat{g}(x) = g(x)$$

Beweis: Der Fall beliebiger Dimension n folgt sofort nach Fubini aus dem Fall $n = 1$. Hierfür gilt, mit $h(x) := \int e^{itx} e^{-\frac{t^2}{2}}\,dt$, für die Ableitung $h'(x) = -xh(x)$: durch Differentiation unter dem Integralzeichen (§ 8) ergibt sich nämlich

$$h'(x) = \int it\, e^{itx-\frac{t^2}{2}}\,dt = -i \int e^{itx} \frac{d}{dt}(e^{-\frac{t^2}{2}})\,dt$$

$$= \left[-i e^{itx-\frac{t^2}{2}} \right]_{t=-\infty}^{t=\infty} + i \int ix\, e^{itx-\frac{t^2}{2}}\,dt.$$

Wegen $h(0) = \sqrt{2\pi}$ (§ 12) folgt $h(x) = \sqrt{2\pi}e^{-\frac{x^2}{2}}$, da die Lösung der Differentialgleichung $h'(x) = -xh(x)$ durch den Anfangswert $h(0) = \sqrt{2\pi}$ eindeutig festliegt.

∎

Die volle innere Symmetrie der *Fouriertransformation* $F : f \mapsto \hat{f}$, die (Differentiation unter dem Integralzeichen!) Wachstumsbeschränkungen von f in Differenzierbarkeitseigenschaften von $\hat{f}$ überführt, erkennt man am besten, wenn man f aus dem in dieser Hinsicht völlig symmetrischen *Schwartz'schen Raum* $\mathcal{S}(\mathbf{R}^n)$ der *schnell fallenden* C^∞-Funktionen wählt:

$$\mathcal{S}(\mathbf{R}^n) := \{f : \mathbf{R}^n \to \mathbf{C} : f\ C^\infty\ \&\ \sup_{\substack{x\in\mathbf{R}^n \\ |\alpha|\le k}} (1+\|x\|^2)^k |D^\alpha f(x)| < \infty, \forall k \in \mathbf{N}\}.$$

Bemerkung: i) Natürlich haben wir die Inklusionen $\mathcal{D}(\mathbf{R}^n) \subset \mathcal{S}(\mathbf{R}^n) \subset \mathcal{L}^p(\lambda; \mathbf{C})$. Ebenso liegen offenbar Linearkombinationen und Produkte von Funktionen aus $\mathcal{S}(\mathbf{R}^n)$ wieder in $\mathcal{S}(\mathbf{R}^n)$.

ii) Da (wegen $\sup_{x\in\mathbf{R}^n} (1 + \|x\|^2)^k |D^\alpha f(x)| < \infty$ für alle $k \in \mathbf{N}$) $|D^\alpha f|$ bei $\|x\| \to \infty$ für alle $k \in \mathbf{N}$ schneller als $\frac{1}{\|x\|^k}$ abfällt, darf $\hat{f}$ beliebig oft unter dem Integralzeichen differenziert werden. Das Ergebnis schreibt sich wegen des Faktors i im Exponenten am einfachsten in der folgenden

Bezeichnung: $D_\alpha : D_\alpha f := \frac{1}{i^{|\alpha|}} D^\alpha f; \ f \in C^p, |\alpha| \le p.$

Für ein Polynom p.Grades in n Variablen $x_1, \ldots, x_n$

$$P(x) := \sum_{|\alpha|\le p} c_\alpha x^\alpha; \ c_\alpha \in \mathbf{R}; \ x^\alpha := x_1^{\alpha_1} \cdot \ldots \cdot x_n^{\alpha_n},$$

betrachten wir den linearen Differentialoperator mit konstanten Koeffizienten

$$P(D) := \sum_{|\alpha|\le p} c_\alpha D_\alpha \ \text{bzw.}\ P(-D) := \sum_{|\alpha|\le p} (-1)^{|\alpha|} c_\alpha D_\alpha.$$

Behauptung: Bei beliebigem $f \in \mathcal{S}(\mathbf{R}^n)$ sind $P \cdot f$ und $P(D)f$ in $\mathcal{S}(\mathbf{R}^n)$, und es existiert und gilt

$$P(D)\hat{f} = (P \cdot f)\hat{}; \ (P(-D)f)\hat{} = P \cdot \hat{f}.$$

Denn: Die erste Gleichung folgt durch Differentiation unter dem Integralzeichen:

$$D^\alpha \hat{f}(x) = \frac{1}{(2\pi)^{n/2}} \int i^{|\alpha|} y^\alpha e^{i\langle x,y\rangle} f(y)dy.$$

Die zweite Gleichung folgt induktiv, wenn sie für $P(-D) := \frac{1}{i}\frac{\partial}{\partial x_k}$ gezeigt ist. Ist etwa $k = 1$, so haben wir (Fubini)

$$\int e^{i\langle x,y\rangle} \frac{1}{i}\frac{\partial f}{\partial y_1}(y)dy$$

$$= \int dy_2 \ldots dy_n e^{i\sum_2^n x_k y_k} \int dy_1 e^{ix_1 y_1} \frac{1}{i}\left(\frac{\partial f}{\partial y_1}\right)(y_1, y_2, \ldots, y_n)$$

$$= \int dy_2 \ldots dy_n e^{i\sum_2^n x_k y_k} \int dy_1 (-x_1) e^{ix_1 y_1} f(y_1, \ldots, y_n)$$

$$= -x_1 \int e^{i\langle x,y\rangle} f(y)dy;$$

dabei wurde in der 2. Gleichung bezüglich y_1 partiell integriert, wobei die ausintegrierten Teile wegen $f \in \mathcal{S}(\mathbf{R}^n)$ mit $y_1 \to \pm\infty$ verschwinden.

$\blacksquare$

Hauptsatz über Fourierintegrale: i) *Die Fouriertransformation $F : f \mapsto \hat{f}$ ist eine lineare Bijektion von $\mathcal{S}(\mathbf{R}^n)$ auf sich, mit der Umkehrung*

$$\boxed{f(x) = \frac{1}{(2\pi)^{n/2}} \int e^{-i\langle x,y\rangle} \hat{f}(y)dy}.$$

ii) *f „diagonalisiert" lineare Differentialoperatoren $P(D)$ mit konstanten Koeffizienten in dem Sinne, daß für alle $f \in \mathcal{S}(\mathbf{R}^n)$ gilt*

$$\boxed{(F^{-1} \circ P(D) \circ F)f = P \cdot f}.$$

iii) *(Plancherel'sche Formel): Mit dem inneren Produkt $\langle,\rangle$ von $L^2(\lambda), \langle f,g\rangle := \int f(x)\overline{g(x)}dx$, gilt*

$$\boxed{\langle f,g\rangle = \langle \hat{f},\hat{g}\rangle} \; ; f,g \in \mathcal{S}(\mathbf{R}^n).$$

iv) *Die Fouriertransformation führt das Faltungsprodukt in das punktweise gebildete Produkt über:*

$$\boxed{(f * g)\widehat{\ } = (2\pi)^{n/2} \cdot \hat{f} \cdot \hat{g}} \; ; f, g \in \mathcal{S}(\mathbf{R}^n).$$

Beweis: i) $f \in \mathcal{S}(\mathbf{R}^n) \Rightarrow \hat{f} \in \mathcal{S}(\mathbf{R}^n)$, nämlich: Nach der obigen Behauptung ist $\hat{f}\ C^\infty$, und $P \cdot (D^\alpha \hat{f})$ beschränkt für jedes Polynom P und für jedes α. Zum Nachweis der Bijektivität genügt also der Beweis der Umkehrformel. Zunächst gilt für beliebige $f, h \in \mathcal{S}(\mathbf{R}^n)$

$$(*) \quad \int \hat{f}(y)h(y)e^{i(x,y)}\,dy = \frac{1}{(2\pi)^{n/2}} \int dy \int dz\, h(y)f(z)e^{i(x+z,y)} =$$
$$= \int f(z)\hat{h}(x+z)\,dz.$$

Wir wenden dies an auf $h : h(x) := g(\varepsilon x)$ mit der Gaußdichte g und $\varepsilon > 0$. Wir nutzen ihre Fixpunkteigenschaft $\hat{g} = g$ und erhalten $\hat{h}(x) = \frac{1}{\varepsilon^n}g(\frac{x}{\varepsilon}) =: g_\varepsilon(x)$. Also folgt

$$\int \hat{f}(y)g(\varepsilon y)e^{i(x,y)}\,dy \overset{(*)}{=} \int f(z)g_\varepsilon(x+z)\,dz = \int f(z-x)g_\varepsilon(z)\,dz.$$

Grenzübergang $\varepsilon \to 0$ liefert (majorierte Konvergenz)

$$\int \hat{f}(y)g(0)e^{i(x,y)}\,dy = \frac{1}{(2\pi)^{n/2}} \int \hat{f}(y)e^{i(x,y)}\,dy = f(-x),$$

wobei rechts die δ-Approximationseigenschaft (§ 12) der g_ε ausgenutzt wurde. Dies ist die Umkehrformel.

ii) siehe obige „Behauptung".

iii) Mit Hilfe des inneren Produkts von $L^2(\lambda)$ schreibt sich die Identität (*) für $x = 0$ kurz $\langle \hat{f}, \overline{h} \rangle = \langle f, \overline{\hat{h}} \rangle$. Dies ist die Plancherel'sche Formel für $g := \overline{\hat{h}}$, da hierfür nach i) $\hat{g} = \overline{h}$ gilt. Andererseits ist, wieder nach i), jedes $g \in \mathcal{S}(\mathbf{R}^n)$ von der Form $g = \overline{\hat{h}}$ mit geeignetem $h \in \mathcal{S}(\mathbf{R}^n)$.

$$iv) \quad (2\pi)^{n/2}(f * g)\widehat{\ }(x) = \int dy\, e^{i(x,y)} \int dz\, f(z)g(y-z) =$$
$$= \int dz\, f(z) \int dy\, e^{i(x,y)}g(y-z) = \int dz\, f(z)e^{i(x,z)} \int dy\, e^{i(x,y)}g(y)$$
$$= \hat{f}(x)\hat{g}(x)(2\pi)^n. \qquad \blacksquare$$

Die Formulierung des Hauptsatzes über Fouriertransformation für $\mathcal{S}(\mathbf{R}^n)$ hat den Vorzug besonderer Einfachheit und Vollständigkeit der Ergebnisse. Da $\mathcal{S}(\mathbf{R}^n)\ \|\ \|_p$-dicht in $L^p(\lambda)$ liegt (§ 14), ist sie zugleich geeignet, auch für allgemeinere Situationen Schlüsse zu ziehen, z.B.:

Korollar 1: *Sei f integrierbar.   Dann gilt für die Fouriertransformierte $\hat{f}$:*

i) *(Riemann-Lebesgue-Lemma): $\hat{f}(x) \to 0$ mit $\|x\| \to \infty$.*

ii) *Ist auch $\hat{f}$ integrierbar, so gilt die Umkehrformel f.ü.:*

$$f(x) = \frac{1}{(2\pi)^{n/2}} \int e^{-i\langle x,y\rangle}\, \hat{f}(y)dy \ \ \lambda\text{-f.ü.}.$$

Beweis: i) Wählt man nach dem Dichtheitssatz (§ 14, Korollar) eine Folge (f_k) in $\mathcal{S}(\mathbf{R}^n)$ mit $\|f_k - f\|_1 \to 0$, so konvergiert $\hat{f}_k(x) \to \hat{f}(x)$ gleichmäßig in $x \in \mathbf{R}^n$, da

$$|\hat{f}_k(x) - \hat{f}(x)| \le \|f_k - f\|_1, \quad \forall x \in \mathbf{R}^n.$$

Andererseits sind die $\hat{f}_k \in \mathcal{S}(\mathbf{R}^n)$ nach dem Hauptsatz, somit insbesondere $\hat{f}_k(x) \to 0$ mit $\|x\| \to \infty$ für jedes $k \in \mathbf{N}$. Da die in x gleichmäßige Konvergenz Vertauschung der Limites erlaubt, folgt

$$\lim_{\|x\|\to\infty} \hat{f}(x) = \lim_{\|x\|\to\infty} \lim_{k\to\infty} \hat{f}_k(x) = \lim_{k\to\infty} \lim_{\|x\|\to\infty} \hat{f}_k(x) = 0.$$

ii) Wir setzen $g(x) := \frac{1}{(2\pi)^{n/2}} \int e^{-i\langle x,y\rangle}\, \hat{f}(y)dy$ und zeigen $f = g$ f.ü.. Hierzu genügt es nach dem Reichhaltigkeitssatz (§ 14 Satz 2), für jedes $u \in \mathcal{D}(\mathbf{R}^n)$ zu zeigen, daß $\int uf\, dx = \int ug\, dx$. Aber

$$\int uf\, dx = \frac{1}{(2\pi)^{n/2}} \int dx\, f(x) \int dy\, e^{-i\langle x,y\rangle}\, \hat{u}(y) = \qquad \text{(Hauptsatz i))}$$

$$= \int dy\, \hat{f}(-y)\hat{u}(y) = \qquad \text{(Fubini)}$$

$$= \int dy\, \hat{f}(y)\frac{1}{(2\pi)^{n/2}} \int dx\, e^{-i\langle x,y\rangle} u(x) = \qquad \text{(Fubini)}$$

$$= \int ug\, dx.$$

∎

Korollar 2 *(Planchereltransformation): Es gibt eine eindeutig bestimmte isometrische lineare Bijektion* $\widetilde{F} : L^2(\lambda; \mathbf{C}) \to L^2(\lambda; \mathbf{C})$ *mit* $\widetilde{F}f = \hat{f}$ *f.ü. für* $f \in \mathcal{S}(\mathbf{R}^n)$.

Beweis: Wir fassen $\mathcal{S}(\mathbf{R}^n)$ als Untervektorraum von $L^2(\lambda)$ auf. Dies ist gerechtfertigt, da für stetige $f, g : \mathbf{R}^n \to \mathbf{C}$ mit $f = g$ λ-f.ü. schon $f = g$ überall gilt: Sonst wäre wegen Stetigkeit die Menge $\{f \neq g\}$ offen und nicht leer, also $\lambda(\{f \neq g\}) > 0$. Da $\mathcal{S}(\mathbf{R}^n)$ (sogar $\mathcal{D}(\mathbf{R}^n)$) in $L^2(\lambda)$ dicht liegt (§ 14), und nach dem Hauptsatz i) + iii) die Fouriertransformation F den Raum $\mathcal{S}(\mathbf{R}^n)$ bezüglich $\| \; \|_2$ isometrisch auf sich abbildet, leistet die stetige Fortsetzung $\widetilde{F}$ von F (als Abbildung von $\mathcal{S}(\mathbf{R}^n)$ in den Banachraum $L^2(\mu)$) auf ganz $L^2(\mu)$ das Verlangte: Sie ist eindeutig bestimmt und bleibt linear und isometrisch; ihr Bild ist somit wieder vollständig und enthält $\mathcal{S}(\mathbf{R}^n)$, muß also gleich $L^2(\mu)$ sein. ∎

Bemerkung: Die Übereinstimmung $\widetilde{F}f = \hat{f}$ f.ü. gilt sogar für jedes $f \in L^1(\mu; \mathbf{C}) \cap L^2(\mu; \mathbf{C})$, wie sich mit Hilfe der Dichtheitsaussage von § 14 leicht folgern läßt.

Korollar 3: *Definiert man die Fouriertransformierte* $\hat{\mu}$ *eines endlichen Borelmaßes* μ *auf* $\mathbf{R}^n$ *durch*

$$\hat{\mu}(x) = \int e^{i\langle x,y\rangle} \mu(dy),$$

so ist die Zuordnung $\mu \mapsto \hat{\mu}$ *injektiv.*

Beweis: Gilt für zwei endliche Borelmaße $\hat{\mu}_1 = \hat{\mu}_2$, so folgt für beliebige $f \in \mathcal{S}(\mathbf{R}^n)$

$$\int \mu_1(dy)\hat{f}(y) = \frac{1}{(2\pi)^{n/2}} \int \mu_1(dy) \int dx\, f(x)e^{i\langle x,y\rangle} =$$

$$= \frac{1}{(2\pi)^{n/2}} \int dx\, \hat{\mu}_1(x)f(x) = \frac{1}{(2\pi)^{n/2}} \int dx\, \hat{\mu}_2(x)f(x) =$$

$$= \int \mu_2(dy)\hat{f}(y).$$

Hieraus folgt $\mu_1 = \mu_2$ (gemäß § 14 Satz 2), da nach dem Hauptsatz unter den $\hat{f}$ mit $f \in \mathcal{S}(\mathbf{R}^n)$ alle $u \in \mathcal{D}(\mathbf{R}^n)$ vorkommen. ∎

Bemerkung: Die Möglichkeit der Charakterisierung von endlichen Maßen durch ihre Fouriertransformierten spielt in der Stochastik eine große Rolle: Ist $(\Omega; \mathcal{A}; P)$ ein Maßraum mit P einer *Wahrscheinlichkeit*, d.h. $P(\Omega) = 1$, und $f : \Omega \to \mathbf{R}$ eine *Zufallsvariable* ($=\mathcal{A}$-meßbare Funktion), so wird das Bildmaß $\mu := P \circ f^{-1}$ also eine Wahrscheinlichkeit auf $\mathbf{R}$ (die *Verteilung* von f). Seine Verteilungsfunktion (§ 6)

$$g : \mathbf{R} \to \mathbf{R} : g(x) = P(\{f \leq x\})$$

heißt auch die (rechtsstetige) *Verteilungsfunktion* der Zufallsvariablen f. Schließlich heißt $\hat{\mu}$ auch die *charakteristische Funktion* von f. Hierfür gilt

$$\hat{\mu}(x) = \int e^{ixy}\,\mu(dy) = \int e^{ixf(t)}P(dt) = \int\limits_{-\infty}^{\infty} e^{ixy}\,g(dy);$$

dabei ergibt sich die 2. Identität aus dem Transformationslemma (§ 9), während die Darstellung als Riemann-Integral der Verteilungsfunktion aus dem Konsistenzsatz (§ 7) folgt.

Hat man ein n-Tupel $(f_1, \ldots, f_n)$ von Zufallsvariablen und bildet damit die meßbare Abbildung

$$f : \Omega \to \mathbf{R}^n : f(t) = (f_1(t), \ldots, f_n(t)),$$

so heißt das Wahrscheinlichkeitsmaß $P \circ f^{-1}$ auf $\mathbf{R}^n$ die *gemeinsame Verteilung* von $(f_1, \ldots, f_n)$. Das Tupel heißt *unabhängig*, wenn die gemeinsame Verteilung das Produktmaß der Einzelverteilungen ist. Als charakteristische Funktion der Summe $f_1 + \ldots + f_n$ unabhängiger Zufallsvariabler ergibt sich dann

$$\int e^{ix(f_1(t)+\ldots+f_n(t))}P(dt) = \int e^{ix(y_1+\ldots+y_n)}(P \circ f^{-1})(dy)$$

$$\text{(Transformationslemma)}$$

$$= \int (\Pi_{k=1}^n e^{ixy_k})(P \circ f_1^{-1})(dy_1) \cdot \ldots \cdot (P \circ f_n^{-1})(dy_n)$$

$$(\text{ Unabhängigkeit})$$

$$= (P \circ f_1^{-1}\hat{)}(x) \cdot \ldots \cdot (P \circ f_n^{-1}\hat{)}(x),$$

also das Produkt der charakteristischen Funktionen der Summanden.

§ 16. Diskussion des Gauß'schen Integralsatzes.

Der Integralsatz von Gauß ist die Verallgemeinerung des „Hauptsatzes der Integralrechnung" (§ 2 Satz 2) auf n-dimensionale Lebesgueintegrale, wenn man das im Eindimensionalen betrachtete Integrationsintervall $]\alpha, \beta[$ durch geeignete offene Mengen $\Omega \subset \mathbf{R}^n$ und zugleich die Differenz der Stammfunktion $F(\beta) - F(\alpha)$ durch eine Integration über den mit einem kanonischen „Randmaß" versehenen Rand $\partial\Omega$ ersetzt. Da die explizite Beschreibung dieses Maßes auf $\partial\Omega$ im allgemeinen relativ kompliziert und nur in einer lokalen Parametrisierung von $\partial\Omega$ möglich ist, verzichten wir ganz darauf (und damit natürlich auch auf den Beweis des Satzes) und illustrieren stattdessen die Nützlichkeit der bloßen Existenzaussage. In vielen praktischen Anwendungen (z.B. in der Elektrodynamik) kommt es ohnehin nur auf diese Aussage an.

Wir beschreiben zunächst die geeigneten Integrationsbereiche.

Definition: Die offene Menge $\emptyset \neq \Omega \subset \mathbf{R}^n$ heißt *glatt berandet*, wenn für jeden Randpunkt $a \in \partial\Omega := \overline{\Omega}\backslash\Omega$ folgendes gilt:

$$(*) \begin{cases} \text{Es gibt eine offene Umgebung } U \text{ von } a \text{ und eine stetig differen-} \\ \text{zierbare Funktion } f : U \to \mathbf{R} \text{ mit } \operatorname{grad} f(x) \neq 0 \text{ für alle } x \in U, \\ \text{so daß } \overline{\Omega} \cap U = \{f \leq f(a)\}. \end{cases}$$

Bemerkung: Dies ist eine lokale Forderung an den Rand. Da $\operatorname{grad} f(x) \neq 0$ für alle $x \in U$ ist, gilt

$$\overline{\Omega} \cap U = \{f \leq f(a)\} \Leftrightarrow (\Omega \cap U = \{f < f(a)\} \ \& \ \partial\Omega \cap U = \{f = f(a)\}).$$

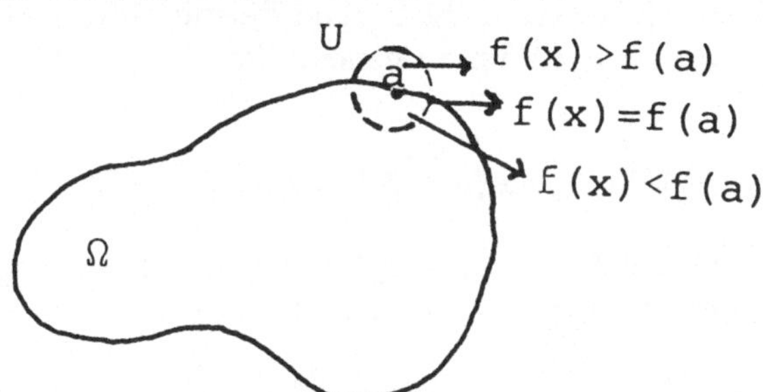

Behauptung: *Sei $\Omega \subset \mathbf{R}^n$ offen und glatt berandet. Dann gibt es eine eindeutig bestimmte stetige* **äußere Normale** *zu Ω, d.h. eine stetige Funktion $\nu : \partial\Omega \to \mathbf{R}^n$ mit (für alle $x \in \partial\Omega$)*

i) $\|\nu(x)\| = 1$.

ii) $\nu(x) \perp \partial\Omega$, *d.h.* $\langle\gamma'(0),\nu(x)\rangle = 0$ *für jede stetig differenzierbare Kurve* $\gamma : I \to \mathbf{R}^n$ *mit:* $0 \in I$ *offenes Intervall;* $\gamma(0) = x; \gamma(t) \in \partial\Omega, \forall t \in I$.

iii) $\nu(x)$ *zeigt aus* Ω *heraus, d.h. es existiert ein* $\delta > 0$ *so, daß*

$$x + t\nu(x) \notin \Omega,\ 0 < t < \delta.$$

Beweis: Zu $a \in \partial\Omega$ betrachte eine Funktion $f : U \to \mathbf{R}$ mit (*) und definiere $\nu(x) := \dfrac{\text{grad } f(x)}{\|\text{ grad } f(x)\|}$, $x \in U \cap \partial\Omega$. Die so zunächst auf $U \cap \partial\Omega$ definierte stetige Vektorfunktion ν erfüllt i),und wegen $f \circ \gamma(t) = f(a)$ auch ii). Schließlich gilt iii), da für hinreichend kleine $t > 0$ (so daß $x + t\nu(x) \in U$) ja

$$f(x + t\nu(x)) = f(x) + t\langle \text{ grad } f(x + \tau\nu(x)), \nu(x)\rangle$$
$$= f(x) + t\|\text{ grad } f(x)\| + t\varepsilon(t),$$

mit $0 < \tau < t \ \& \ \varepsilon(t) \to 0$ bei $t \to 0$; somit gilt $f(x + t\nu(x)) > f(x)$ und damit $x + t\nu(x) \notin \Omega$ für $0 < t < \delta$ bei hinreichend kleinem $\delta > 0$. Ferner spannen wegen $\text{grad } f(x) \neq 0$ die in ii) auftretenden Vektoren $\gamma'(0) \in \mathbf{R}^n$ einen $(n-1)$-dimensionalen Untervektorraum auf, so daß $\nu(x)$ durch ii) bis auf einen Faktor $\neq 0$, und also durch i) - iii) eindeutig festgelegt ist. Insbesondere ist das oben definierte ν unabhängig von der Wahl von f mit (*).

$\blacksquare$

Beispiel: Das wohl einfachste nicht-triviale Beispiel (das einfachste triviale ist $\Omega = R^n, \Rightarrow \partial\Omega = \emptyset$) einer offenen, glatt berandeten Menge ist eine Kugel im $\mathbf{R}^n$

$$\Omega := V(a; R) := \{x \in \mathbf{R}^n : \|x - a\| < R\}.$$

Hier erfüllt die Funktion $f(x) = \|x - a\|^2, x \neq a$, die Bedingung (*) sogar für alle Randpunkte. Als äußere Normale erhält man

$$\nu(x) = \frac{1}{R} \cdot (x - a); \forall x \in \partial\Omega = \{x \in \mathbf{R}^n : \|x - a\| = R\}.$$

Schon das Quadrat $]0, 1[\times]0, 1[$ ist (seiner Ecken wegen!) dagegen nicht mehr glatt berandet.

Wir formulieren nun den *Gauß'schen Integralsatz* in der abgeschwächten Form einer Existenzaussage:

Satz *(Divergenzsatz): Sei $\emptyset \neq \Omega \subset \mathbf{R}^n$ offen und glatt berandet. Dann gibt es ein eindeutig bestimmtes Borelmaß σ auf $\partial\Omega$ (das $(n-1)$-dimensionale Randmaß) so, daß gilt*

$$\boxed{\int\limits_{\Omega} \operatorname{div} F(x)\,dx = \int\limits_{\partial\Omega} \langle F(y), \nu(y)\rangle \sigma(dy)}$$

für jedes C^1-Vektorfeld $F : \overline{\Omega} \to \mathbf{R}^n$ mit kompaktem Träger; hierbei ist der Integrand des Volumenintegrals links die Divergenz von F,

$$\operatorname{div} F : \Omega \to \mathbf{R} : \operatorname{div} F(x) = \sum_{k=1}^{n} \frac{\partial F_k}{\partial x_k}(x).$$

Bemerkung: Ein C^1-Vektorfeld auf $\overline{\Omega}$ mit kompaktem Träger ist eine Funktion $F : \overline{\Omega} \to \mathbf{R}^n$, deren sämtliche Komponentenfunktionen $F_k : \overline{\Omega} \to \mathbf{R}$ außerhalb eines kompakten Teils von $\overline{\Omega}$ verschwinden (diese Bedingung ist natürlich bei beschränktem Ω von selbst erfüllt), und die auf eine offene Menge, die $\overline{\Omega}$ umfaßt, stetig differenzierbar fortgesetzt werden können.

Wir wollen diesen fundamentalen Satz der Vektoranalysis nicht beweisen, wohl aber seine Aussage wie auch die Natur des Randmaßes anhand einiger Spezialfälle genauer studieren.

Zunächst zeigt die Anwendung auf einkomponentige Vektorfelder $F = f \cdot e^k (e^k := (0, \ldots, 0, 1, 0, \ldots 0)$ k.Standardbasisvektor), daß der Divergenzsatz nichts anderes als der Hauptsatz der n-dimensionalen Integralrechnung bzw., mit $f = gh$, der Satz von der partiellen Integration für n-dimensionale Lebesgueintegrale ist:

Korollar 1: *Sei $\emptyset \neq \Omega \subset \mathbf{R}^n$ offen und glatt berandet, und σ das Randmaß auf $\partial\Omega$. Dann gilt*

    i) *(Hauptsatz der n-dimensionalen Integralrechnung):*

$$\int\limits_{\Omega} \frac{\partial f}{\partial x_k}(x)\,dx = \int\limits_{\partial\Omega} f(y)\nu_k(y)\sigma(dy), \quad 1 \leq k \leq n$$

für $f : \overline{\Omega} \to \mathbf{R}$ *stetig differenzierbar mit kompaktem Träger.*

ii) *(Partielle Integration): Sind* $g, h : \overline{\Omega} \to \mathbf{R}$ *stetig differenzierbar und hat* gh *kompakten Träger, so gilt für* $1 \leq k \leq n$

$$\int\limits_{\Omega} g(x)\frac{\partial h}{\partial x_k}(x)dx = \int\limits_{\partial\Omega} g(y)h(y)\nu_k(y)\sigma(dy) - \int\limits_{\Omega} h(x)\frac{\partial g}{\partial x_k}(x)dx.$$

∎

Eine unmittelbare Konsequenz ist auch

Korollar 2 *(Green'sche Formeln): Sei* $\emptyset \neq \Omega \subset \mathbf{R}^n$ *offen und glatt berandet,* σ *das Randmaß auf* $\partial\Omega$*. Sind* $f, g : \overline{\Omega} \to \mathbf{R}$ C^2 *mit kompaktem Träger, so gilt*

$$\int\limits_{\Omega} (f\Delta g + \langle\ \mathrm{grad}\ f,\ \mathrm{grad}\ g\rangle)dx = \int\limits_{\partial\Omega} \langle f\ \mathrm{grad}\ g, \nu\rangle d\sigma;$$

$$\int\limits_{\Omega} (f\Delta g - g\Delta f)dx = \int\limits_{\partial\Omega} \langle f\ \mathrm{grad}\ g - g\ \mathrm{grad}\ f, \nu\rangle d\sigma.$$

Beweis: Die 1. Formel folgt durch Anwendung des Divergenzsatzes auf das Vektorfeld $F := f \cdot\ \mathrm{grad}\ g : \overline{\Omega} \to \mathbf{R}^n$, dessen Divergenz sich nach der Produktregel der Differentialrechnung ergibt:

$$\mathrm{div}\,(f\ \mathrm{grad}\ g) = f\Delta g + \langle\ \mathrm{grad}\ f,\ \mathrm{grad}\ g\rangle;$$

hierbei bezeichnet Δ mit $\Delta g = \sum_{k=1}^{n} \frac{\partial^2 g}{\partial x_k^2}$ den n-dimensionalen *Laplace-Operator* (f und g sind C^2 auf $\overline{\Omega}$, d.h. Einschränkungen auf $\overline{\Omega}$ von zweimal stetig differenzierbaren Funktionen auf einer offenen Obermenge von $\overline{\Omega}$). Die 2. Formel ergibt sich aus der ersten durch Subtraktion in offensichtlicher Weise.

∎

Wir wollen uns nun die Aussage des Divergenzsatzes verständlich machen und beginnen mit einer *Plausibilitätsbetrachtung zur Existenz des Randmaßes*: Sei

$$\Omega_1 \subset \ldots \subset \Omega_n \subset\ \mathrm{int}\ \Omega_{n+1} \subset \ldots \nearrow \Omega$$

eine kompakte Ausschöpfung von Ω (bei beschränktem Ω etwa

$$\Omega_n := \{x \in \Omega : dist(x, \partial\Omega) \geq \frac{1}{n}\}).$$

Gemäß § 13 existieren hierzu C^∞-Urysohnfunktionen

$$\chi_n : \chi_{\Omega_n} \leq \chi_n \leq \chi_{\text{int } \Omega_{n+1}}; \; n \in \mathbf{N}.$$

Anwendung der speziellen partiellen Integrationsformel (§ 14, Behauptung 2) ergibt für jede Komponente von F

$$\int\limits_\Omega \chi_n(x)\frac{\partial F_k}{\partial x_k}(x)dx = -\int\limits_\Omega F_k(x)\frac{\partial \chi_n}{\partial x_k}(x)dx; n \in \mathbf{N}.$$

Durch Summation über k folgt

$$\int\limits_\Omega \chi_n(x)\text{div } F(x)dx = -\int\limits_\Omega \langle F(x), \text{ grad } \chi_n(x)\rangle dx.$$

Läßt man $n \to \infty$ streben, so konvergiert die linke Seite (majorierte Konvergenz: auf Grund der Voraussetzungen des Satzes über F verschwindet die stetige Funktion div F auf $\Omega\backslash K$ für ein Kompaktum $K \subset \overline{\Omega}$, so daß die Integration nur über die beschränkte Menge $\Omega \cap K$ zu erstrecken ist) gegen $\int_\Omega$ div Fdx. Also konvergiert auch die rechte Seite, die andererseits aber nur von der Einschränkung $F|(\Omega_{n+1}\backslash\Omega_n)$ abhängt, da grad $\chi_n(x) = 0$ auf int $\Omega_n \cup C\Omega_{n+1}$. Weil $\Omega_n \subset$ int $\Omega_{n+1} \nearrow \Omega$ gilt, zeigt dies, daß $\int_\Omega$ div $F(x)dx$ zumindest in dem Sinne von $\partial\Omega$ „getragen" wird, daß es unabhängig ist von den Werten von F auf kompakten Teilen von Ω. Diese Beobachtung ist zwar noch nicht so stark wie die im Divergenzsatz gegebene Darstellung durch ein Randintegral, kommt dieser aber schon recht nahe.

Ohne dieses Argument zur Existenz des Randmaßes noch weiter verfeinern zu wollen, geben wir nun einen

Beweis der Eindeutigkeit des Randmaßes: Seien σ und σ' zwei $(n-1)$-dimensionale Randmaße, für welche die Aussage des Divergenzsatzes gilt. Dann ist nach Korollar 1 insbesondere für $1 \leq k \leq n$

$$(*) \qquad \int\limits_{\partial\Omega} f(y)\nu_k(y)\sigma(dy) = \int\limits_{\partial\Omega} f(y)\nu_k(y)\sigma'(dy); \; \forall f \in \mathcal{D}(\mathbf{R}^n).$$

Wir schreiben diese Integrale als Integrale über $\mathbf{R}^n$ mit Hilfe der Maße

$$\mu_k : \mathcal{B}(\mathbf{R}^n) \to \overline{\mathbf{R}}_+ : \mu_k(A) := \int_{\partial\Omega} \chi_A(y)\nu_k(y)\sigma(dy), 1 \le k \le n$$

und den analog zu σ' gebildeten μ_k'. Natürlich gilt (nach dem üblichen Argument, vgl. § 9) dann auch

$$\int f d\mu_k = \int_{\partial\Omega} f(y)\nu_k(y)\sigma(dy)$$

für jede meßbare Funktion $f : \mathbf{R}^n \to \mathbf{R}$, für welche eine Seite existiert; analog für μ_k'. Insbesondere folgt also aus (*) $\int f d\mu_k = \int f d\mu_k'$ für jede Testfunktion $f \in \mathcal{D}(\mathbf{R}^n)$ und somit (§ 14, Behauptung 1) $\mu_k = \mu_k'$ für $1 \le k \le n$. Damit folgt aber auch $\sigma = \sigma'$, nämlich für beliebiges $A \in \mathcal{B}(\partial\Omega) \subset \mathcal{B}(\mathbf{R}^n)$

$$\sigma(A) = \int_A \sum_{k=1}^n \nu_k(y)^2 \sigma(dy) = \sum_{k=1}^n \int_A \tilde{\nu}_k(x)^2 \mu_k(dx) = \sigma'(A);$$

dabei gilt die 1. Gleichheit wegen $\|\nu(y)\| = 1$, die letzte wegen $\mu_k = \mu_k'$ für $1 \le k \le n$, und die $\tilde{\nu}_k$ sind definiert durch

$$\tilde{\nu}_k(x) := \nu_k(x) \text{ für } x \in \partial\Omega, \text{ und } = 0 \text{ für } x \in \mathbf{R}^n \backslash \partial\Omega.$$

$\blacksquare$

Bemerkung: i) Ist $\Omega \subset \mathbf{R}^n$ offen und glatt berandet, so folgt aus der diese Eigenschaft definierenden Forderung (*) nach dem Satz von der Umkehrfunktion, daß zu jedem $a \in \partial\Omega$ eine offene Umgebung U_a von a existiert, so daß $\partial\Omega \cap U_a$ Graph einer C^1-Funktion und damit nach § 11 Satz 2 eine n-dimensionale Lebesgue-Nullmenge ist. Da abzählbar viele dieser $U_a, a \in \partial\Omega$, schon $\partial\Omega$ überdecken, ist also auch $\partial\Omega$ selbst eine n-dimensionale Lebesgue-Nullmenge.

ii) Ist Ω offen und glatt berandet, so (nach Definition!) auch $\overline{C\Omega} =: \Omega'$. Die Randmaße auf $\partial\Omega = \partial\Omega'$ stimmen überein.

Denn: Für $f \in \mathcal{D}(\mathbf{R}^n)$ ist jeweils

$$0 = \int \frac{\partial f}{\partial x_k} dx = \int_\Omega \frac{\partial f}{\partial x_k} dx + \int_{\complement \Omega} \frac{\partial f}{\partial x_k} dx = \int_\Omega \frac{\partial f}{\partial x_k} dx + \int_{\Omega'} \frac{\partial f}{\partial x_k} dx,$$

letzteres wegen i). Nach Korollar 1 folgt für die Randmaße σ bzw. σ'

$$\int_{\partial\Omega} f(y)\nu_k(y)\sigma(dy) = -\int_{\partial\Omega'} f(y)\nu_k'(y)\sigma'(dy).$$

Andererseits ist wegen Eindeutigkeit der äußeren Normalen offenbar $\nu_k' = -\nu_k$. Wegen $\partial\Omega = \partial\Omega'$ kann nun wie im vorigen Beweis weiter geschlossen werden.

∎

iii) Sei Ω offen und glatt berandet. Das Randmaß σ auf $\partial\Omega$ hängt nur *lokal* von Ω ab in folgendem Sinne: Ist auch $\widetilde{\Omega}$ offen und glatt berandet und ist, für eine offene Menge U, $\Omega\cap U = \widetilde{\Omega}\cap U (\Rightarrow \partial\Omega\cap U = \partial\widetilde{\Omega}\cap U)$, so stimmen die zu Ω bzw. $\widetilde{\Omega}$ gehörigen Randmaße σ bzw. $\tilde\sigma$ auf $\mathcal{B}(\partial\Omega \cap U)$ überein.

Denn: Für $f \in \mathcal{D}(U)$ ist jetzt nach Korollar 1

$$\int_{\partial\Omega} f(y)\nu_k(y)\sigma(dy) = \int_\Omega \frac{\partial f}{\partial x_k} dx = \int_{\Omega\cap U} \frac{\partial f}{\partial x_k} dx =$$

$$= \int_{\widetilde{\Omega}} \frac{\partial f}{\partial x_k} dx = \int_{\partial\widetilde{\Omega}} f(y)\tilde\nu_k(y)\tilde\sigma(dy).$$

Wegen Eindeutigkeit der äußeren Normalen ist jetzt $\tilde\nu_k = \nu_k$ auf $\partial\Omega \cap U$, und wie vorhin folgt $\sigma = \tilde\sigma$ auf $\mathcal{B}(\partial\Omega \cap U)$.

∎

Beispiel: 1 $n = 1, \Omega =]\alpha,\beta[$: Dann ist $\partial\Omega = \{\alpha,\beta\}; \nu(\alpha) = -1 = -\nu(\beta)$, also nach dem 1-dimensionalen Hauptsatz der Integralrechnung aus § 2 $\sigma = \delta_\alpha + \delta_\beta$.

2 $\Omega = \Pi_{k=1}^n]\alpha_k, \beta_k[$ ein n-dimensionaler Würfel. Dieser ist zwar (wegen seiner Ecken und Kanten) nicht ganz glatt berandet. Dennoch gilt hier der Divergenzsatz: Für $1 \le k \le n$ seien $S_{k\pm} := \{x \in \overline{\Omega} : x_k = \alpha_k$ bzw. $= \beta_k\}$ die beiden Seitenflächen in Richtung der k. Koordinatenachse. Damit ist $\partial\Omega = \bigcup_{k=1}^n (S_{k+} \cup S_{k-})$, und die äußere Normale offenbar $\nu(x) = \pm e^k$ für $x \in S_{k\pm}$. Für $f : \overline{\Omega} \to \mathbf{R}$ stetig differenzierbar ergibt sich nach Fubini

$$\int\limits_{\Omega} \frac{\partial f}{\partial x_k} dx =$$

$$= \int\limits_{\alpha_1}^{\beta_1} dx_1 \ldots \int\limits_{\alpha_{k-1}}^{\beta_{k-1}} dx_{k-1} \int\limits_{\alpha_{k+1}}^{\beta_{k+1}} dx_{k+1} \ldots \int\limits_{\alpha_n}^{\beta_n} dx_n [f(x_1, \ldots x_k, \ldots x_n)]_{x_k=\alpha_k}^{x_k=\beta_k} =$$

$$= \int\limits_{S_{k+}\cup S_{k-}} f(y)\nu_k(y)\sigma(dy) = \int\limits_{\partial\Omega} f(y)\nu_k(y)\sigma(dy)$$

mit dem Borelmaß σ auf $\partial\Omega$, gegeben als Einschränkung auf $\partial\Omega$ des Maßes

$$\sum_{k=1}^n (\lambda_{n-1} \circ \Phi_{k+}^{-1} + \lambda_{n-1} \circ \Phi_{k-}^{-1}) \text{ auf } \mathbf{R}^n;$$

dabei bezeichnet λ_{n-1} das $(n-1)$-dimensionale Lebesguemaß und $\Phi_{k\pm}$ die (meßbaren) Abbildungen

$$\Phi_{k\pm} : \mathbf{R}^{n-1} \to \mathbf{R}^n : y \mapsto (y_1, \ldots y_{k-1}, \{{}_{\alpha_k}^{\beta_k}\}, y_k, \ldots y_{n-1}).$$

3 Ist $\Omega = V(a; R)$ die offene Kugel vom Radius $R > 0$ um $a \in \mathbf{R}^n$, so ergibt sich ihre *Oberfläche* als

$$\sigma(\partial\Omega) = \frac{n}{R}\lambda(\Omega) = n \cdot R^{n-1}\lambda(V(0; 1)).$$

Denn: Die 2. Gleichung folgt aus der Translationsinvarianz und Homogenität des n-dimensionalen Lebesgue-Maßes λ. Die 1. Gleichung ergibt sich bei Anwendung des Divergenzsatzes auf $F(x) = x - a$: Hierfür ist div $F(x) = n$ und somit

$$n\lambda(\Omega) = \int\limits_{\partial\Omega} \langle y - a, \frac{y - a}{\|y - a\|} \rangle \sigma(dy) = R \cdot \sigma(\partial\Omega). \qquad \blacksquare$$

4   Ist $n = 3$ und $\Omega = V(0; R)$, und bezeichnen (r, ϑ, φ) Kugelkoordinaten (§ 12), so gilt

$$\int\limits_{\partial\Omega} h(y)\sigma(dy) = R^2 \int\limits_0^{2\pi} d\varphi \int\limits_0^{\pi} d\vartheta \sin\vartheta \; h(R\sin\vartheta\cos\varphi, R\sin\varphi\sin\vartheta, R\cos\vartheta)$$

für σ-integrierbares $h : \partial\Omega \to \mathbf{R}$.

Denn: Es genügt wieder, dies für (die Einschränkung auf $\partial\Omega$ von) Funktionen $h \in \mathcal{D}(\mathbf{R}^3)$ z.z.. Hierfür ist dann

$$F : \mathbf{R}^3\backslash\{0\} \to \mathbf{R}^3 : F(x) = h(R\frac{x}{\|x\|})x$$

stetig differenzierbar mit (Kettenregel)

$$\operatorname{div} F(x) = h(R\frac{x}{\|x\|}) \operatorname{div} x = 3h(R\frac{x}{\|x\|}).$$

Anwendung des Divergenzsatzes auf die offenen, glatt berandeten

$$\Omega_\varepsilon := \{x \in \mathbf{R}^3 : \varepsilon < \|x\| < R\}, \varepsilon > 0$$

ergibt

$$3\int\limits_{\Omega_\varepsilon} h(R\frac{x}{\|x\|})dx = \int\limits_{\partial V(0;R)} \langle F(y), \frac{y}{R}\rangle\sigma(dy) - \int\limits_{\partial V(0;\varepsilon)} \langle F(y), \frac{y}{\varepsilon}\rangle\sigma(dy) =$$

$$= R \int\limits_{\partial V(0;R)} h(y)\sigma(dy) - \varepsilon \int\limits_{\partial V(0;\varepsilon)} h(\frac{R}{\varepsilon}y)\sigma(dy).$$

Hier strebt mit $\varepsilon \to 0$ die linke Seite gegen $3\int_\Omega h(R\frac{x}{\|x\|})dx$, und die rechte Seite gegen $R \cdot \int_{\partial V(0;R)} h(y)\sigma(dy)$, da

$$|\int\limits_{\partial V(0;\varepsilon)} h(\frac{R}{\varepsilon}y)\sigma(dy)| \leq \|h\|\sigma(\partial V(0;\varepsilon)) \to 0$$

nach Beispiel **3** ; nach den vorigen Bemerkungen ii) und iii) ist nämlich das zu Ω_ε gehörige σ auf $\partial V(0;\varepsilon)$ gleich dem zu $V(0;\varepsilon)$ gehörigen!

Andererseits ergibt der Substitutionssatz für Kugelkoordinaten

$$\int\limits_{\Omega} h(R\cdot\frac{x}{\|x\|})dx =$$

$$= \int\limits_{0}^{R} r^2 dr \int\limits_{0}^{2\pi} d\varphi \int\limits_{0}^{\pi} d\vartheta \sin\vartheta\; h(R\sin\vartheta\cos\varphi, R\sin\vartheta\sin\varphi, R\cos\vartheta)$$

$$= \frac{R^3}{3} \int\limits_{0}^{2\pi} d\varphi \int\limits_{0}^{\pi} d\vartheta \sin\vartheta h(R\sin\vartheta\cos\varphi, R\sin\varphi\sin\vartheta, R\cos\vartheta).$$

Vergleich der beiden Ausdrücke für $\int_{\Omega} h(R\frac{x}{\|x\|})dx$ ergibt die Behauptung.

  ∎

Bemerkung: Das Ergebnis von **4** besagt (für $n = 3$) nach dem Substitutionssatz, daß für eine beliebige integrierbare Funktion $f : \mathbf{R}^n \to \mathbf{R}$ existiert und gilt

$$\boxed{\; \int f(x)dx = \int\limits_{0}^{\infty} dr\, r^{n-1} \int\limits_{S^{n-1}} f(ry)\sigma(dy) \;}$$

Diese Transformation auf „n-dimensionale Kugelkoordinaten" $r = \|x\|$, $y = \frac{x}{\|x\|}$ gilt, wie eine etwas genauere Analyse von σ zeigt, in jeder Dimension n.

Wir betrachten jetzt den 2-dimensionalen Divergenzsatz nochmals in etwas anderer Schreibweise:

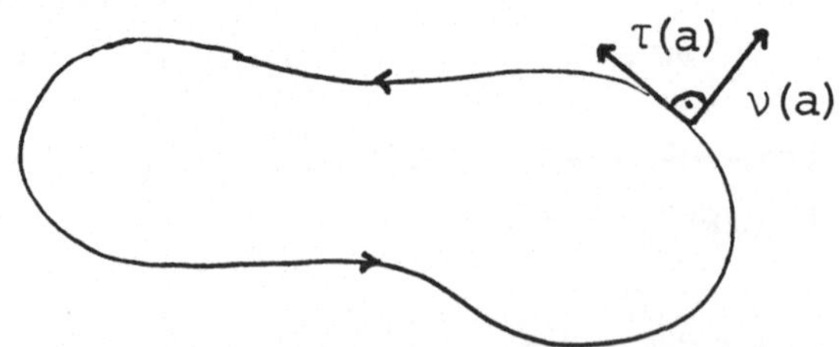

Sei $\Omega \subset \mathbf{R}^2$ offen und glatt berandet. Mit Hilfe der äußeren Normalen $\nu : \partial\Omega \to \mathbf{R}^2$ bilden wir das stetige *Tangentialvektorfeld*

$$\tau : \partial\Omega \to \mathbf{R}^2 : \tau(a) = (-\nu_2(a), \nu_1(a)).$$

Hierfür gilt an jeder Stelle $a \in \partial\Omega$

$$\|\tau(a)\| = 1; \quad \langle\nu(a), \tau(a)\rangle = 0;$$
$$\text{Determinante } (\nu(a), \tau(a)) = \nu_1(a)^2 + \nu_2(a)^2 = 1.$$

Das Paar $(\nu(a), \tau(a))$ bildet also an jeder Stelle $a \in \partial\Omega$ ein Rechtssystem zueinander orthogonaler Einheitsvektoren. Da $\nu(a)$ immer nach außen zeigt, liegt Ω beim Durchlaufen von $\partial\Omega$ in τ-Richtung zur Linken (s. Abbildung). In dieser Bezeichnung lautet der Divergenzsatz so:

Korollar 3 *(Green-Riemann): Ist $F : \overline{\Omega} \to \mathbf{R}^2$ ein C^1-Vektorfeld mit kompaktem Träger, so gilt*

$$\int\limits_{\Omega} (\frac{\partial F_2}{\partial x_1} - \frac{\partial F_1}{\partial x_2})(x_1, x_2)dx_1 dx_2 = \int\limits_{\partial\Omega} \langle F(y), \tau(y)\rangle\sigma(dy).$$

Nimmt man an, daß $\partial\Omega$ das Bild γ^* einer stetig differenzierbaren Kurve $\gamma : [\alpha, \beta] \to \mathbf{R}^2$ ist, die auf $]\alpha, \beta[$ injektiv ist und für welche $\gamma'(t) \neq 0$ für jedes $t \in [\alpha, \beta]$ gilt, so läßt sich die rechte Seite der Green-Riemann'schen Formel auch als Kurvenintegral deuten: Offenbar ist

$$\langle\nu(\gamma(t)), \gamma'(t)\rangle = 0, \Rightarrow \tau(\gamma(t)) = \pm\frac{\gamma'(t)}{\|\gamma'(t)\|}.$$

Da hier beide Seiten stetig von t abhängen, gilt für alle $t \in [\alpha, \beta]$ dasselbe Vorzeichen, also bei geeignet gewählter Parametrisierung das positive: $\tau(\gamma(t)) = \frac{\gamma'(t)}{\|\gamma'(t)\|}$. Für das Kurvenintegral von F längs γ ergibt sich (§ 3)

$$\int\limits_{\gamma} F dx := \int\limits_{\alpha}^{\beta} \langle F(\gamma(t)), \gamma'(t)\rangle dt = \int\limits_{\alpha}^{\beta} \langle F, \tau\rangle \circ \gamma(t)\|\gamma'(t)\|dt.$$

Durch eine lokale Rechnung läßt sich begründen, daß hier die rechte Seite nichts anderes ist als $\int_{\partial\Omega}\langle F(y), \tau(y)\rangle\sigma(dy)$, somit:

$$\int\limits_{\gamma} F dx = \int\limits_{\Omega} (\frac{\partial F_2}{\partial x_1} - \frac{\partial F_1}{\partial x_2})(x_1, x_2)dx_1 dx_2.$$

Besteht der Rand von Ω aus mehreren solcher Kurven $\gamma_1, \ldots, \gamma_r$, so ist links entsprechend $\sum_1^r \int_{\gamma_k} F dx$ zu nehmen. Diese *Summe* ist also insbesondere dann gleich 0, wenn das Vektorfeld F die Integrabilitätsbedingungen $\frac{\partial F_2}{\partial x_1} = \frac{\partial F_1}{\partial x_2}$ erfüllt. Diese Aussage verallgemeinert offensichtlich die

Implikation „ii) $\Rightarrow$ iii)" des Hauptsatzes über Stammfunktionen (§ 3 Satz 4) hinsichtlich des zulässigen Gebietes U (ist allerdings hinsichtlich der zulässigen Wege etwas enger) und zeigt deutlich, wie „Löcher" in U die Wegunabhängigkeit von Kurvenintegralen stören.

Als eine typische Anwendung des Divergenzsatzes in der Physik, die zeigt, daß i.a. die bloße Existenzaussage (über das Randmaß) schon zu der gewünschten Schlußfolgerung führt, leiten wir zum Schluß die *Kontinuitätsgleichung* der Kontinuumsmechanik ab:
Ein Medium mit raum-zeitlicher Dichteverteilung $\rho(t,x)$ ströme mit einer ortsabhängigen Geschwindigkeit $\vec{v}(x)$ (alle diese Funktionen seien stetig differenzierbar in $(t,x) \in \mathbf{R}^{n+1}$). Bezeichnet $\Omega := V(a;R)$ die offene Kugel um $a \in \mathbf{R}^n$ vom Radius $R > 0$, so ist offenbar $\int_{\partial\Omega} \rho(t,y)\langle \vec{v}(y), \nu(y)\rangle\sigma(dy)$ die zur Zeit t durch $\partial\Omega$ pro Sekunde austretende Menge, also $= -\frac{d}{dt}\int_\Omega \rho(t,x)dx$ (die Abnahme der in Ω enthaltenen Substanz). Der Divergenzsatz liefert daher die Gleichung

$$\int\limits_\Omega \mathrm{div}\,(\rho(t,\cdot)\,\vec{v}(\cdot))dx = -\frac{d}{dt}\int\limits_\Omega \rho(t,x)dx = -\int\limits_\Omega \frac{\partial\rho}{\partial t}(t,x)dx.$$

Da andererseits für eine beliebige stetige Funktion $f : \mathbf{R}^n \to \mathbf{R}$ gilt

$$\frac{1}{\lambda(V(a;R))}|\int\limits_{V(a;R)} f(x)dx - f(a)| \leq \sup_{x\in V(a;R)} |f(x) - f(a)| \to 0,\ R \to 0,$$

erhalten wir mit $\Omega = V(a;R)\,\&\,R \to 0$ die Kontinuitätsgleichung

$$\frac{\partial\rho}{\partial t} + \mathrm{div}(\rho\cdot\vec{v}) = 0.$$

LITERATURVERZEICHNIS

(Es sind nur die im Text zitierten Lehrbücher aufgeführt.)

[1] H. BAUER: Wahrscheinlichkeitstheorie und die Grundzüge der Maßtheorie, de Gruyter 1968
[2] N. DUNFORD, J.T. SCHWARTZ: Linear Operators I, Wiley 1958
[3] K. FLORET: Maß- und Integrationstheorie, Teubner 1981
[4] O. FORSTER: Analysis 3, Vieweg 1981
[5] H. HEUSER: Lehrbuch der Analysis, Teil 1 und 2, Teubner 1981
[6] H. KÖNIG: Analysis 1, Birkhäuser 1984
[7] H.L. ROYDEN: Real Analysis, Macmillan 1968
[8] W. RUDIN: Real and Complex Analysis, McGraw-Hill 1974

SYMBOLVERZEICHNIS

(Es sind nur solche Symbole aufgeführt, die im Text nicht ohnehin an leicht auffindbarer Stelle formal definiert werden.)

$\forall$	für jedes
$\exists$	es existiert
$\&$	und
$\Rightarrow$	impliziert
$\Leftrightarrow$	genau dann, wenn
o.E.	ohne Einschränkung sei angenommen
z.z.	es ist zu zeigen
n.a.	nicht ausgeartet (bei Intervallen I, also $\inf I < \sup I$)
N_0 bzw. N	natürliche Zahlen mit bzw. ohne Null
Z, Q, R, C	ganze, rationale, reelle, komplexe Zahlen
K	steht für R bzw. C

$\mathbf{R}_+$	nicht negative Zahlen
$\overline{\mathbf{R}}$	$= \mathbf{R} \cup \{-\infty, \infty\}$
$\overline{\mathbf{R}}_+$	$= \mathbf{R}_+ \cup \{\infty\}$
Re, Im	Real-, Imaginärteil
$\langle x, y\rangle, \|x\|$	Euklidisches inneres Produkt bzw. Norm in $\mathbf{R}^n$
$x_n \nearrow x$	$x_1 \leq x_2 \leq \ldots \,\&\, \sup_n x_n = x$ (in $\overline{\mathbf{R}}$)
$\mathbf{P}(\Omega)$	Potenzmenge der Menge Ω
χ_A	Indikatorfunktion der Menge A
$A \backslash B$	$= \{x \in A : x \notin B\}$
CA	Komplement von A (in einer fixierten Grundmenge)
$A_n \nearrow A$	$A_1 \subset A_2 \subset \ldots \,\&\, \bigcup_1^\infty A_n = A$
$\overline{A}, \mathrm{int}\, A$	Abschluß, Inneres von A
$V(a; R)$	$= \{x : \rho(x, a) < R\}$ (bezüglich einer Metrik ρ auf der fixierten Grundmenge)
$f \| M$	Einschränkung der Funktion f auf die Menge M
$f \pm g, fg, \|f\|$ Re f, Im f, $\sup_n f_n, \inf_n f_n$	punktweise gebildete Summe, Differenz, ... der aufgeführten Funktionen
$f \leq g, f_n \nearrow f, \ldots$	punktweise zu verstehende Aussagen über die Werte der aufgeführten Funktionen
$\{f = \alpha\}$	$= \{x : f(x) = \alpha\}$; analog $\{f \leq \alpha\}$ usw.
Träger (f)	$= \{f \neq 0\}$ (bezüglich einer Topologie des Grundraums)
$\|f\|, \|f\|_p$	Supremumsnorm, $L^p(\mu)$-Norm von f
v.b.V.	von beschränkter Variation
$f\ C^p$	f ist $p(= 0, 1, \ldots, \infty)$mal stetig differenzierbar
glatt	C^∞
$D\Phi, J\Phi$	Ableitung, Jacobi-Matrix eines Diffeomorphismus Φ

STICHWORTVERZEICHNIS

Teubner Studienbücher Fortsetzung

Mathematik Fortsetzung

Schwarz: **FORTRAN-Programme zur Methode der finiten Elemente.** DM 25,80

Schwarz: **Methode der finiten Elemente.** 2. Aufl. DM 39,– (LAMM)

Stiefel: **Einführung in die numerische Mathematik.** 5. Aufl. DM 34,– (LAMM)

Stiefel/Fässler: **Gruppentheoretische Methoden und ihre Anwendung.** DM 32,– (LAMM)

Stummel/Hainer: **Praktische Mathematik.** 2. Aufl. DM 38,–

Topsøe: **Informationstheorie.** DM 16,80

Uhlmann: **Statistische Qualitätskontrolle.** 2. Aufl. DM 39,– (LAMM)

Velte: **Direkte Methoden der Variationsrechnung.** DM 26,80 (LAMM)

Vogt: **Grundkurs Mathematik für Biologen.** DM 21,80

Walter: **Biomathematik für Mediziner.** 2. Aufl. DM 24,80

Winkler: **Vorlesungen zur Mathematischen Statistik.** DM 28,80

Witting: **Mathematische Statistik.** 3. Aufl. DM 28,80 (LAMM)

Wolfsdorf: **Versicherungsmathematik.** Teil 1: Personenversicherung. DM 38,–

Informatik

Berstel: **Transductions and Context-Free Languages.** DM 42,– (LAMM)

Beth: **Verfahren der schnellen Fourier-Transformation.** DM 36,– (LAMM)

Bolch/Akyildiz: **Analyse von Rechensystemen.** DM 29,80

Dal Cin: **Fehlertolerante Systeme.** DM 25,80 (LAMM)

Ehrig et al.: **Universal Theory of Automata.** DM 27,80

Giloi: **Principles of Continuous System Simulation.** DM 27,80 (LAMM)

Kupka/Wilsing: **Dialogsprachen.** DM 22,80 (LAMM)

Maurer: **Datenstrukturen und Programmierverfahren.** DM 28,80 (LAMM)

Oberschelp/Wille: **Mathematischer Einführungskurs für Informatiker** DM 24,80 (LAMM)

Paul: **Komplexitätstheorie.** DM 27,80 (LAMM)

Richter: **Logikkalküle.** DM 25,80 (LAMM)

Schlageter/Stucky: **Datenbanksysteme: Konzepte und Modelle.** 2. Aufl. DM 36,– (LAMM)

Schnorr: **Rekursive Funktionen und ihre Komplexität.** DM 25,80 (LAMM)

Spaniol: **Arithmetik in Rechenanlagen.** DM 25,80 (LAMM)

Vollmar: **Algorithmen in Zellularautomaten.** DM 25,80 (LAMM)

Weck: **Prinzipien und Realisierung von Betriebssystemen.** 2. Aufl. DM 38,– (LAMM)

Wirth: **Compilerbau.** 3. Aufl. DM 18,80 (LAMM)

Wirth: **Systematisches Programmieren.** 5. Aufl. DM 25,80 (LAMM)

Preisänderungen vorbehalten